手把手教你开发一款双核蓝牙功能手机

双核蓝牙功能手机开发实战
——玩转 ARM 单片机

疯壳团队　编著

西安电子科技大学出版社

内 容 简 介

ARM 是当下最火热的单片机开发平台。本书以“双核蓝牙功能手机套件”为例，由浅入深，详细介绍了 ARM 单片机的内部资源以及各个寄存器的使用。本书作者具有多年的单片机开发经验，书中包含了 ARM 单片机开发所需的各方面技术知识，从开发工具获取、开发环境搭建，到各个外设的应用、各种通信协议的配置以及与外接模块的实际运用，都有详细讲解。

对于想要从事 ARM 单片机研发工作的在校学生、程序开发爱好者或转行从业者，这是一本很好的入门教材。而对于已经入行，正在从事 ARM 单片机开发的工程师来说，本书也能给予一定的参考和指导。本书语言通俗易懂，即使是从没接触过 ARM 单片机的读者也能顺利上手，并能根据书中的实例自己实践。

随书的源码、视频、套件都可以通过扫描封底二维码获取。

图书在版编目(CIP)数据

双核蓝牙功能手机开发实战：玩转 ARM 单片机 / 疯壳团队编著. —西安：西安电子科技大学出版社，2019.8

ISBN 978-7-5606-5384-6

Ⅰ. ① 双… Ⅱ. ① 疯… Ⅲ. ① 移动电话机—应用程序—程序设计 Ⅳ. ① TN929.53

中国版本图书馆 CIP 数据核字(2019)第 129896 号

策划编辑 高 樱

责任编辑 姚智颖 阎 彬

出版发行 西安电子科技大学出版社(西安市太白南路 2 号)

电 话 (029)88242885 88201467 邮 编 710071

网 址 www.xduph.com 电子邮箱 xdupfxb001@163.com

经 销 新华书店

印刷单位 陕西天意印务有限责任公司

版 次 2019 年 8 月第 1 版 2019 年 8 月第 1 次印刷

开 本 787 毫米×1092 毫米 1/16 印 张 9.5

字 数 221 千字

印 数 1～3000 册

定 价 26.00 元

ISBN 978-7-5606-5384-6 / TN

XDUP 5686001-1

如有印装问题可调换

前　言

单片机是嵌入式驱动开发的基础。学会单片机开发，可以做各种智能控制系统，比如机器人控制器、智能家居、功能手机、无线监控设备、智能穿戴设备以及其他各种个性化智能硬件设备。目前市场上已有的单片机类型只有8位、16位、32位三种，针对这三种类型，又衍生出各种各样的芯片。对于单片机工程师/智能硬件工程师来说，并不需要刻意学习所有型号的芯片，只需要在这三种类型中各挑选一款最通用的芯片，熟练掌握即可，其他型号的芯片都可以举一反三。

本书以开发一款多功能手机为实例，将ARM单片机开发的常用知识融于其中，在带领大家开发出手机功能的同时，帮助读者快速、全面掌握ARM单片机的常用开发技能。本书的内容几乎涵盖了ARM单片机软硬件开发的所有知识点，虽然有些知识点讲得并不是很深入，但作者抛砖引玉，会告诉读者如何获取相关资料。书中的章节内容都是根据实际项目开发步骤，按照从易到难的顺序编排的，建议读者按顺序学习。前面两章是ARM单片机开发的基础知识，读者首先需掌握开发环境的搭建，然后掌握ARM单片机各种外设的配置。只有学会怎么运用ARM单片机的各种寄存器，在后面的实际操作中才更加得心应手。在介绍完基础知识点后，作者以多个功能模块的实战提高读者的学习兴趣，让读者学会如何运用前面所学的知识点。最后，本书配套了一款双处理器手机开发套件，作为读者实战开发的调试设备，需要的读者可联系作者进行购买。

本书具有如下特点：

① 实用性强。以真实的套件产品“双核蓝牙功能手机套件”为例，全面讲解ARM单片机的开发流程和技能。

② 专业权威。作者是ARM单片机的一线工程师，拥有多年的ARM单片机项目开发经验。

③ 内容全面。本书基本涵盖了ARM单片机项目开发的所有知识点。

④ 实验可靠。书中所有源码，都经过真实套件验证，有极高的实用价值。

⑤ 售后答疑。所有读者都可扫描封底“售后答疑QQ群”二维码，加入“疯壳学习交流群”，在群中进行提问，作者会不定期答疑。

本书的适用范围：

① 想从事ARM单片机研发工作的在校学生、单片机开发爱好者或转行从业者。

② 已经入行，正在从事ARM单片机开发的工程师。

③ ARM单片机培训机构和单位。

④ 高校教师或学生(本书可用作高校实验课程教材)。

限于电路绘图软件，本书中部分电路图(屏幕截图)中的元器件与国家规定的电气元件符号不一致，但不影响对电路的理解，请读者注意。

本书由刘燃负责策划，所有章节由郑智颖在疯壳双处理器手机开发板技术资料的基础上整理而来，谢华尧负责全书的审读以及代码部分的修正。特别感谢深圳疯壳的各位小伙伴，对本书的编写提供了可靠的技术支撑与精神鼓励。此外，还要感谢西安电子科技大学出版社的工作人员，正是因为他们的支持本书才得以顺利出版。

由于时间仓促，本书的所有内容尽管作者都认真校核过，但难免还有一些纰漏，读者可通过“疯壳学习交流群”与作者互动。

作 者

2019年4月

目　录

第一章 开 发 准 备

1.1 ARM 单片机简介

ARM 处理器是英国 Acorn 有限公司设计的低功耗、低成本的第一款 RISC 微处理器，全称为 Advanced RISC Machine。ARM 微处理器在较新的体系结构中支持两种指令集：ARM 指令集和 Thumb 指令集。其中，ARM 指令长度为 32 位，Thumb 指令长度为 16 位。Thumb 指令集为 ARM 指令集的功能子集，但与等价的 ARM 代码相比较，可节省 30%～40%以上的存储空间，同时具备 32 位代码的所有优点。

ARM 单片机是以 ARM 处理器为核心的一种单片微型计算机，是近年来随着电子设备智能化和网络化程度不断提高而出现的新兴产物。ARM 单片机采用了新型的 32 位 ARM 内核处理器，使其在指令系统、总线结构、调试技术、功耗以及性价比等方面都超过了传统的 51 系列单片机，同时 ARM 单片机在芯片内部集成了大量的片内外设，所以功能和可靠性都大大提高。从结构特性看，ARM 单片机具有统一和固定长度的指令域，使指令集和指令译码都大大简化，大多数的数据操作都在寄存器中完成，使指令执行速度更快。ARM 采用加载/存储结构，在进行数据处理时只对寄存器操作，而不直接对存储器操作，寻址方式简单而灵活；所有加载/存储的地址都只由寄存器的内容和指令域决定，执行效率高；每一条数据处理指令都对算术逻辑单元和移位寄存器进行控制，以最大限度地提高算术逻辑单元和移存器的利用率；采用自动增减地址的寻址方式，有利于优化循环程序的执行；引入多寄存器加载/存储指令，有利于实现数据吞吐量的最大化。从编程的角度看，ARM 处理器的工作状态通常有两种：① ARM 状态，此时处理器执行 32 位的字对齐的 ARM 指令；② Thumb 状态，此时处理器执行 16 位的半字对齐的 Thumb 指令。当 ARM 处理器执行 32 位 ARM 指令集中的指令时，工作在 ARM 状态；执行 16 位 Thumb 指令集中的指令时，工作在 Thumb 状态。通常在刚加载执行代码时处于 ARM 状态，而在程序的执行过程中，只要满足一定条件，便可以随时在两种工作状态间切换，并且这种切换并不影响处理器的工作模式和相应寄存器中的内容。

相比于 51 单片机，ARM 单片机的 RAM 和 ROM 的容量大大增加，I/O(输入/输出)口功能和处理速度也提高了一个级别。ARM 单片机具有比较强的事务管理功能，支持很多操作系统。虽然 ARM 单片机出现得比较晚，但由于其功能强大、功耗低、产品系列丰富等特点，现在已经得到了非常广泛的应用。

1.2 双核蓝牙手机套件

为了帮助读者更好地掌握 ARM 单片机开发技能，我们特别准备了一款双核蓝牙手机开发套件，作为本书配套的硬件调试设备。它的主控选用业界流行的 ARM Cortex-M4 内核单片机 STM32F407，蓝牙协处理单元则选用当前业界功耗最低的 SOC-DA14580。通过本书配合硬件套件学习，读者不仅可以掌握 STM32 单片机和蓝牙 DA14580 的通用开发技能，还可以自己做出一款能够打电话、发短信、拍照且具有蓝牙、NFC、触屏、音乐播放功能的手机。

如图 1.2-1 所示是双处理器手机开发套件的整机实物效果图。整个套件由两部分组成：底部是主核心板，包含了 STM32F407ZGT6 主控芯片以及 DA14580、SIM900A、音频解码等各个模块；顶部是一块 4.3 寸电容触摸液晶屏，拥有 800×480 的分辨率以及良好的色彩显示。整个套件四周用金属柱连接，牢固并且方便调试。

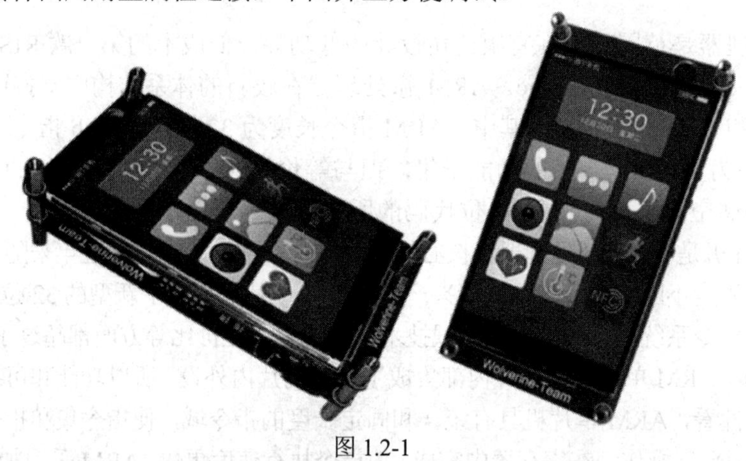

图 1.2-1

图 1.2-2 是主核心板的正面示意图。在主核心板的正面中间位置是主控 MCU，选用 STM32F407ZGT6，为 Cortex-M4 内核，集成 FPU 和 DSP 指令，内部有 1 MB Flash、192 KB SRAM，集成外设有 RTC、SDIO、FSMC、DCMI、DAC、ADC、CAN、USB、I^{2}C、SPI、I^{2}S、DMA、定时器等。其主频可达到 168 MHz、210 DMIPS 的处理能力；此外，还外扩 1 MB 大小的 SRAM，可以开辟大的内存空间，作为图片显示缓存使用等；在主核心板的右侧放置了一个摄像头接口，可以连接 200 W 的摄像头模组，进行拍照等相关实验；在摄像头的上方是触摸屏的接口，通过 FPC_30P 的排线连接电容触摸显示屏；在主核心板的下方装有 3 个按键，可以进行外部中断实验以及 I/O 电平检测等实验；按键的旁边放置了两个 LED 灯，可以用作指示灯，也可以进行普通 I/O 口控制实验；LED 灯的旁边是一个复位按键，通过这个按键可以对主控 MCU 进行复位；接下来就是光敏电阻，它可以感测到光线的强弱，自动调节屏幕的亮度；光敏电阻的旁边是一颗振动马达，可以用来做振动提醒；在主核心板的左下方是 SIM900A 模块，它是一个专为中国大陆和印度市场设计的双频 GSM/GPRS 模块，工作的频段为 EGSM 900 MHz 和 DCS 1800 MHz，可以实现打电话、发信息等功能；SIM900A 模块左侧是一颗充电保护芯片，可以给锂电池充电，最大充电电流为 1 A，当电池充满后，会自动停止充电，保护电池；充电芯片旁边是 Micro USB 接口，此接口可以给开发板供电、给锂电池充电，同时也可以进行 USB 通信；在 USB 接口的旁边是个 MIC(麦克风)，在“打电话”实验中可以用来通话；在麦克风旁边预留了一个 I^{2}C 接口，可以用来外接模块；I^{2}C 接口旁边是一颗加速度传感器，可以检测自由落体、运动等状态；加速度传感器旁边是一个耳机插孔，插上耳机，可以听音乐、打电话；耳机插孔

旁边是一个外扩的 SPI Flash，容量大小为 128 MB，可以用来存储一些数据。此外，还预留有启动选择端口，STM32 有 BOOT0 和 BOOT1 两个启动选择引脚，这两个引脚在芯片复位时的电平状态决定了芯片复位后从哪个区域开始执行程序：当 BOOT0 为低，BOOT1 为任意状态时，从用户闪存启动，这是正常的工作模式；当 BOOT0 为高，BOOT1 为低时，从系统存储器启动，这种模式启动的程序功能由厂家设置；当 BOOT0 为高，BOOT1 为高时，从内置 SRAM 启动，这种模式可以用于调试。

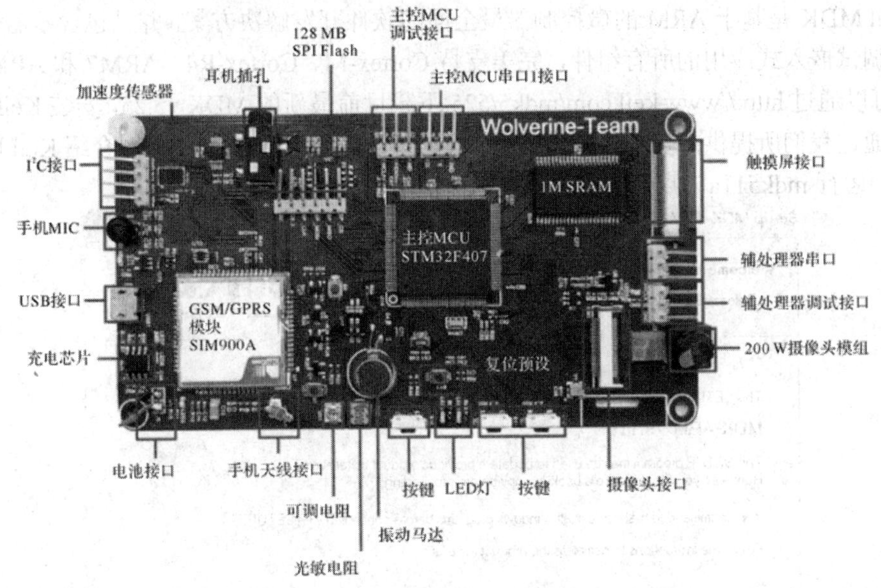

图 1.2-2

图 1.2-3 是主核心板的反面示意图。主核心板反面的左上方是 SIM 卡座，支持目前市面上常见的标准 SIM 卡；下方是 MP3 音频编解码芯片，搭配下方的音乐 TF 卡可以播放 MP3 音乐；在音乐 TF 卡座旁边的是 STM32 的主存储 TF 卡，用于存放图片、txt 文件等。右上方是蓝牙辅助处理器 DA14580，外部搭载的是 128 KB 的 SPI Flash。

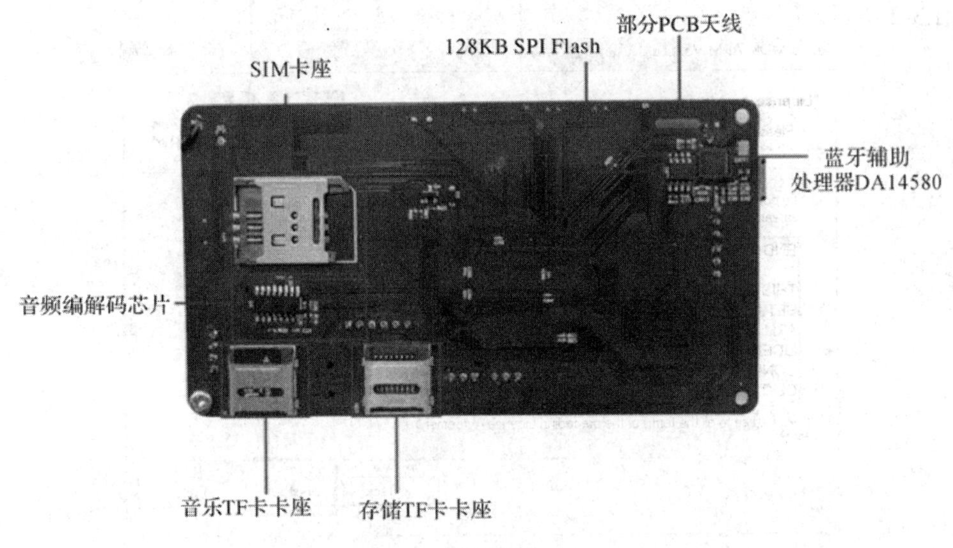

图 1.2-3

1.3　开发环境搭建

1.3.1　安装 Keil MDK

Keil MDK 是基于 ARM 的微控制器最全面的软件开发解决方案，并且包含了需要创建、建立和调试嵌入式应用的所有组件，完美支持 Cortex-M、Cortex-R4、ARM7 和 ARM9 系列器件。可以通过 http://www.keil.com/mdk5/525 下载目前最新的 MDK v5.25，安装 Keil。当然，也可以通过我们所提供的资料包安装。这里以我们资料包中的 MDK5 为例介绍 Keil 的安装。

(1) 运行 mdk511a，点击 Next，如图 1.3-1 所示。

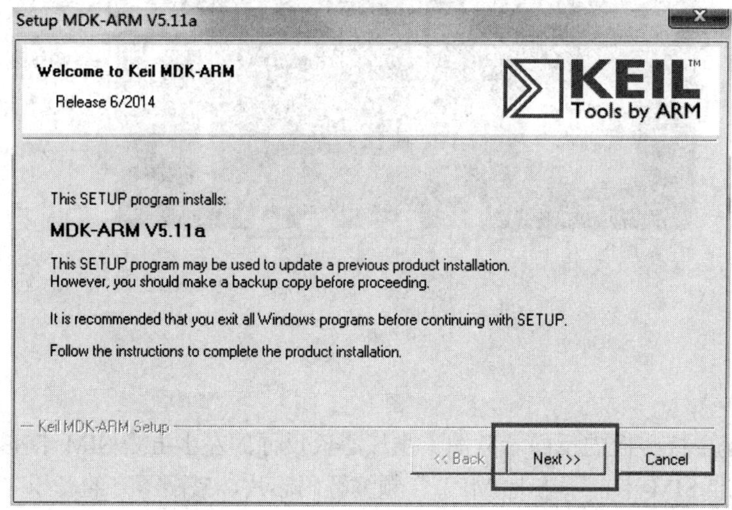

图 1.3-1

(2) 勾选“I agree to all the terms of the preceding License Agreement”选项，点击 Next，如图 1.3-2 所示。

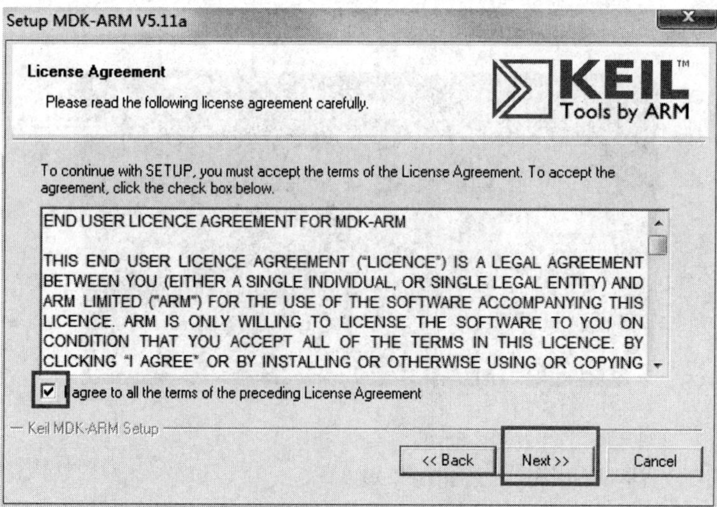

图 1.3-2

(3) 选择安装文件夹，安装路径可以自己选择，注意路径中不能有中文，这里默认安装在C盘，点击Next，如图1.3-3所示。

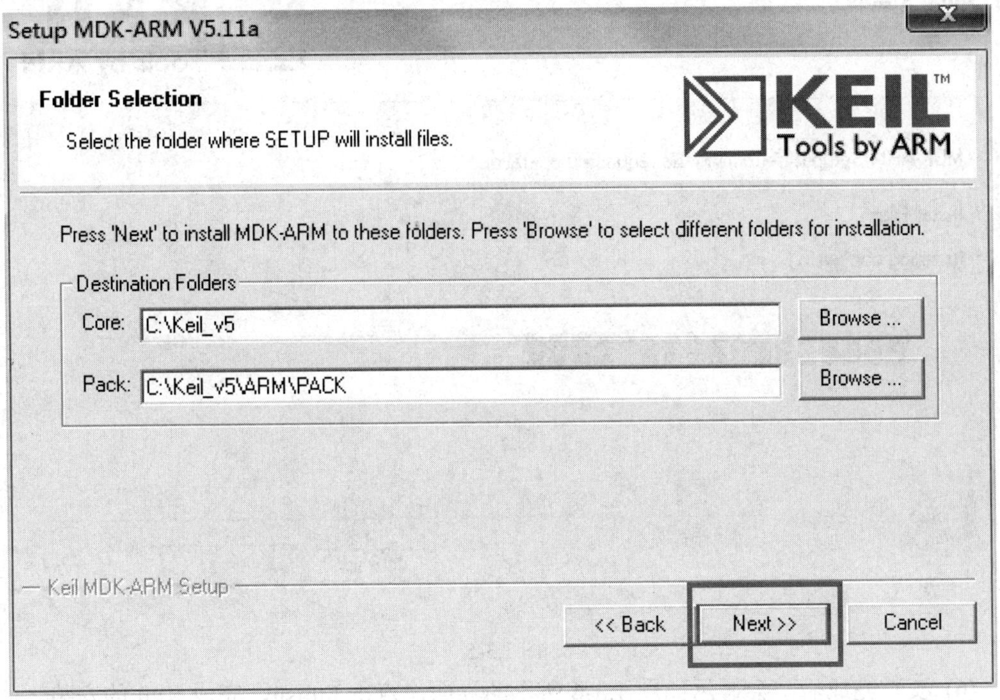

Setup MDK-ARM V5.11a

Folder Selection

Select the folder where SETUP will install files.

KEIL™ Tools by ARM

Press 'Next' to install MDK-ARM to these folders. Press 'Browse' to select different folders for installation.

Destination Folders

Core: C:\Keil_v5 Browse ...

Pack: C:\Keil_v5\ARM\PACK Browse ...

— Keil MDK-ARM Setup

<< Back Next >> Cancel

图1.3-3

(4) 输入姓名、公司名和邮箱，这里可以随意输入，点击Next，如图1.3-4所示。

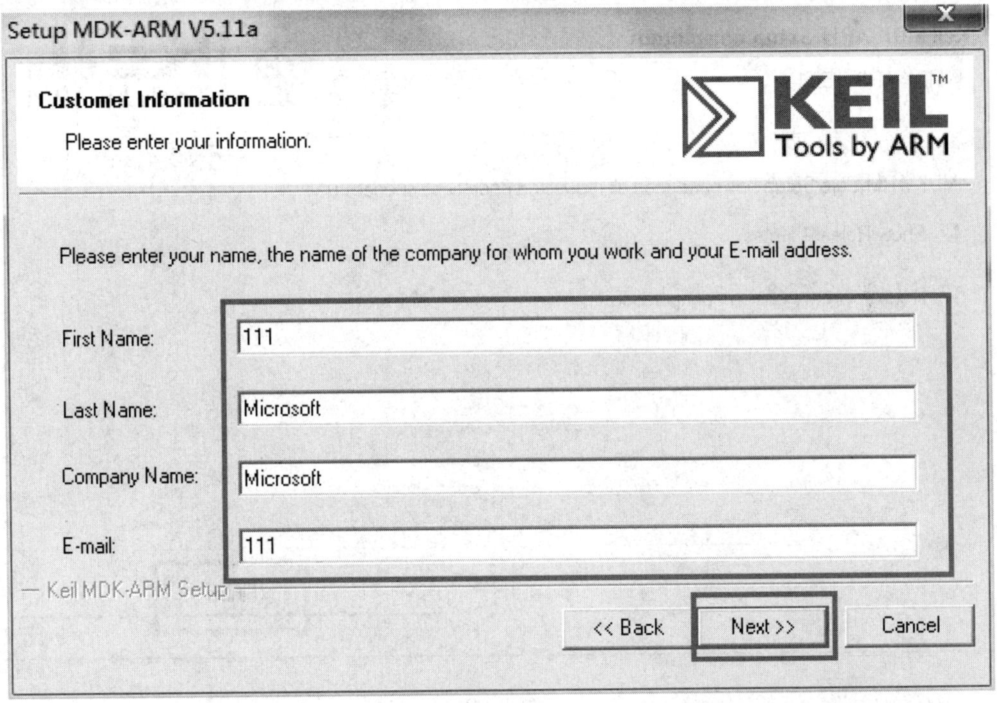

Setup MDK-ARM V5.11a

Customer Information

Please enter your information.

KEIL™ Tools by ARM

Please enter your name, the name of the company for whom you work and your E-mail address.

First Name: 111

Last Name: Microsoft

Company Name: Microsoft

E-mail: 111

— Keil MDK-ARM Setup

<< Back Next >> Cancel

图1.3-4

(5) 正在安装(在不同的电脑安装时间有所不同)，如图 1.3-5 所示。

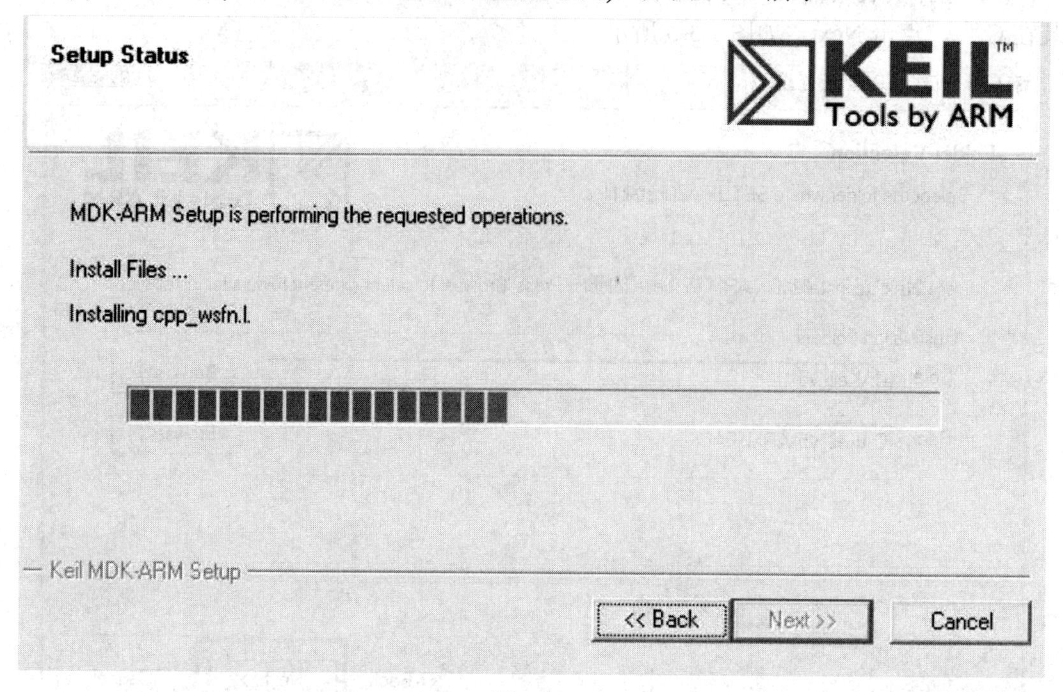

图 1.3-5

(6) 安装完成后，会显示如图 1.3-6 所示的界面，点击 Finish，完成 Keil 的安装。

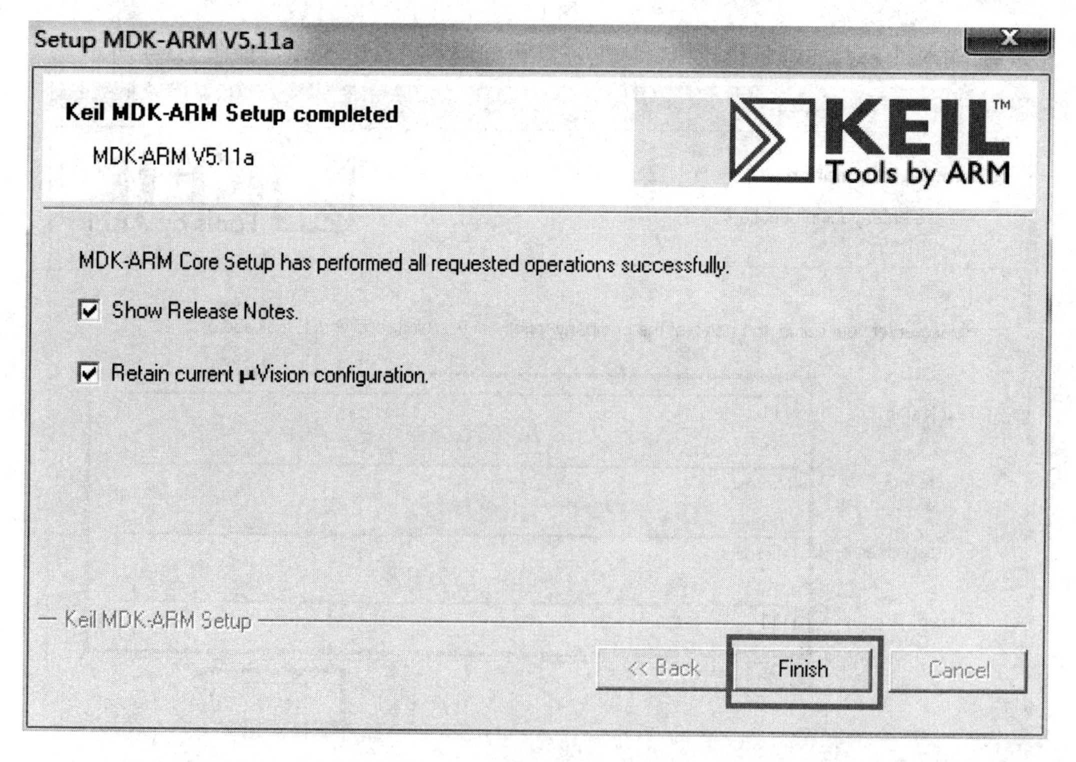

图 1.3-6

(7) Keil 安装完成，随后弹出包安装器界面，如图 1.3-7 所示。

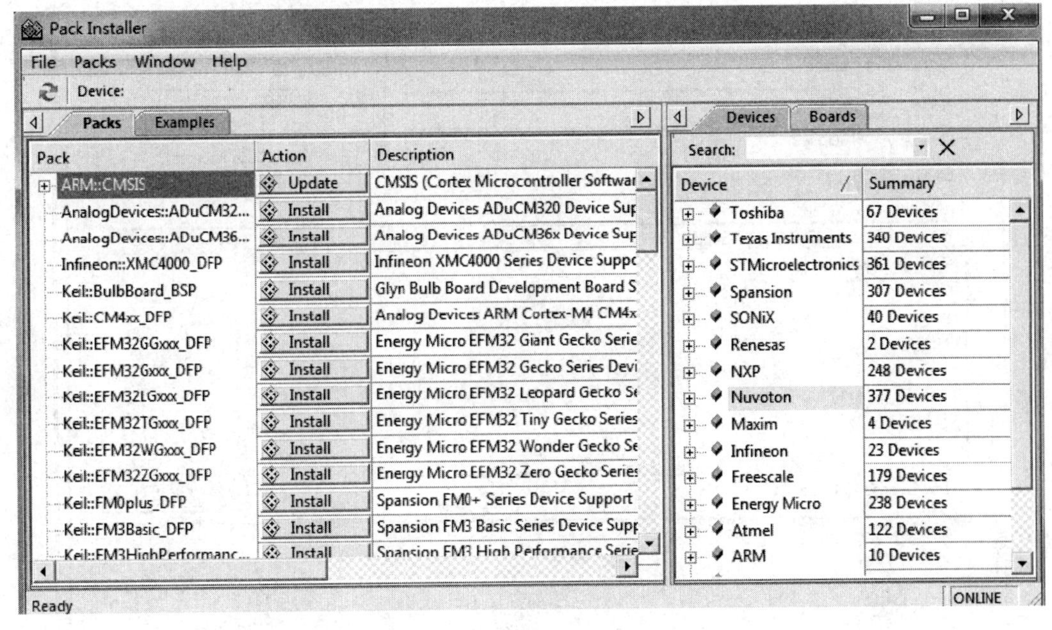

图 1.3-7

点击左上角的刷新图标可以自动获取最新的安装包，但是速度可能比较慢，也可以直接到 Keil 官网下载。这里至少需要安装 CMSIS 和 STM32F407 两个安装包，这两个安装包已经随 MDK5.11a 一并提供，直接双击即可安装。

为了兼容低版本的 Keil 工程，需要安装 mdkcm511a.exe，双击直接安装。安装之后运行低版本的 Keil 工程就不会出现兼容性问题。

下面进行破解(此方法仅用于学习使用，若用于商业用途，请自觉购买正版)。先打开刚安装好的 Keil 软件，点击 File→License Management，调出注册管理界面，赋值右上方的 CID 号，如图 1.3-8 和图 1.3-9 所示。

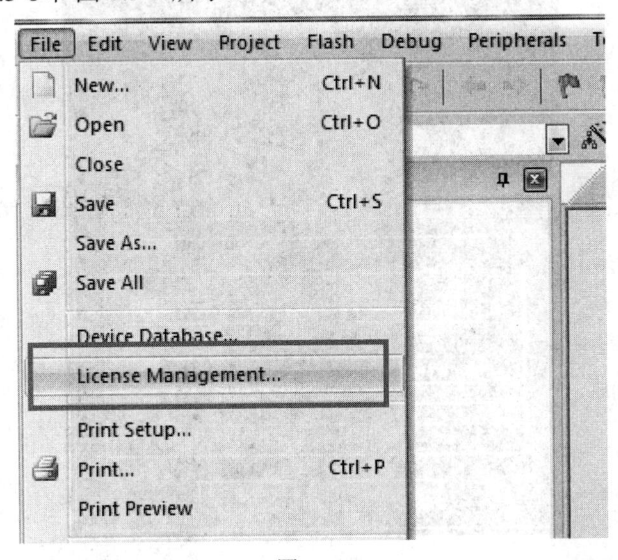

图 1.3-8

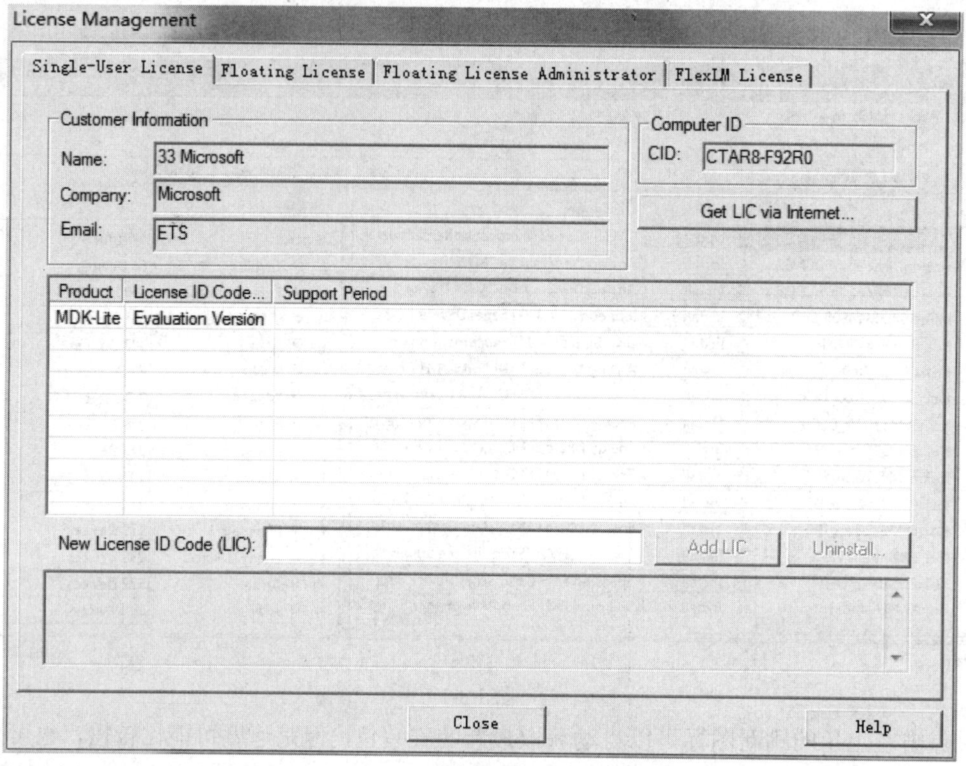

图 1.3-9

此时 Keil 的使用是有限制的，最多只能编译 32 KB 的代码。

以管理员的身份运行 keygen.exe，将 Target 选为 ARM，然后将刚才赋值的 CID 号粘贴到注册机的 CID 输入框中，点击“Generate”，下方会生成注册码，如图 1.3-10 所示。

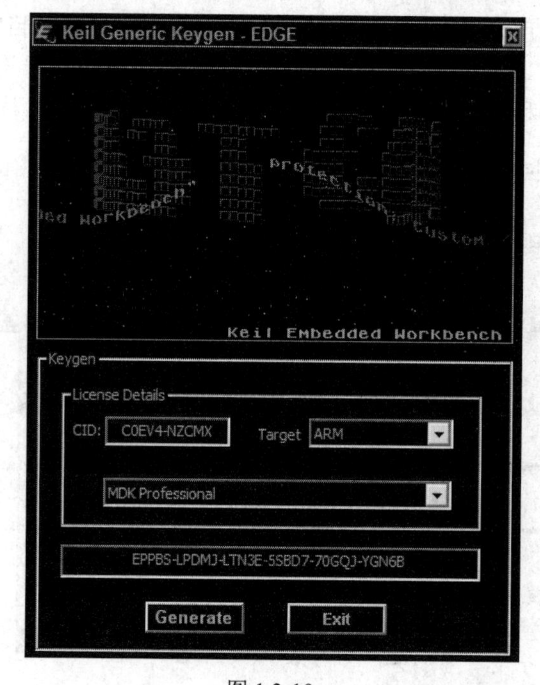

图 1.3-10

将生成的注册码拷贝到注册管理界面中 LIC 输入框中，然后点击 Add LIC，可以看到下方提示添加成功，可以使用到 2020 年，如图 1.3-11 所示。

图 1.3-11

1.3.2　安装 JLink 驱动

JLink 是 SEGGER 公司为支持仿真 ARM 内核芯片推出的 JTAG 仿真器。配合 IAR EWAR、ADS、Keil、RealView 等集成开发环境支持所有 ARM7/ARM9/ARM11、Cortex M0/M1/M3/M4、Cortex A5/A8/A9 等内核芯片的仿真，与 IAR、Keil 等编译环境无缝连接，操作方便、连接方便、简单易学，是学习开发 ARM 最好最实用的开发工具。

这里以我们资料包中的 JLink 安装包为例介绍其安装。

(1) 运行 Setup_JLinkARM_V474b.exe，弹出协议对话框，点击 Yes，如图 1.3-12 所示。

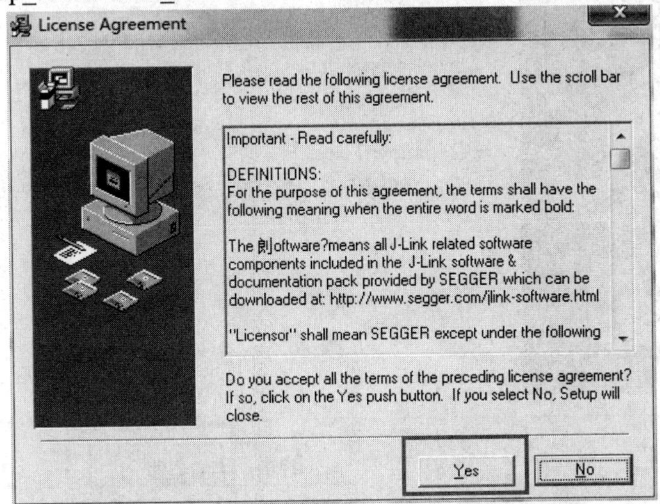

图 1.3-12

(2) 点击 Next，如图 1.3-13 所示。

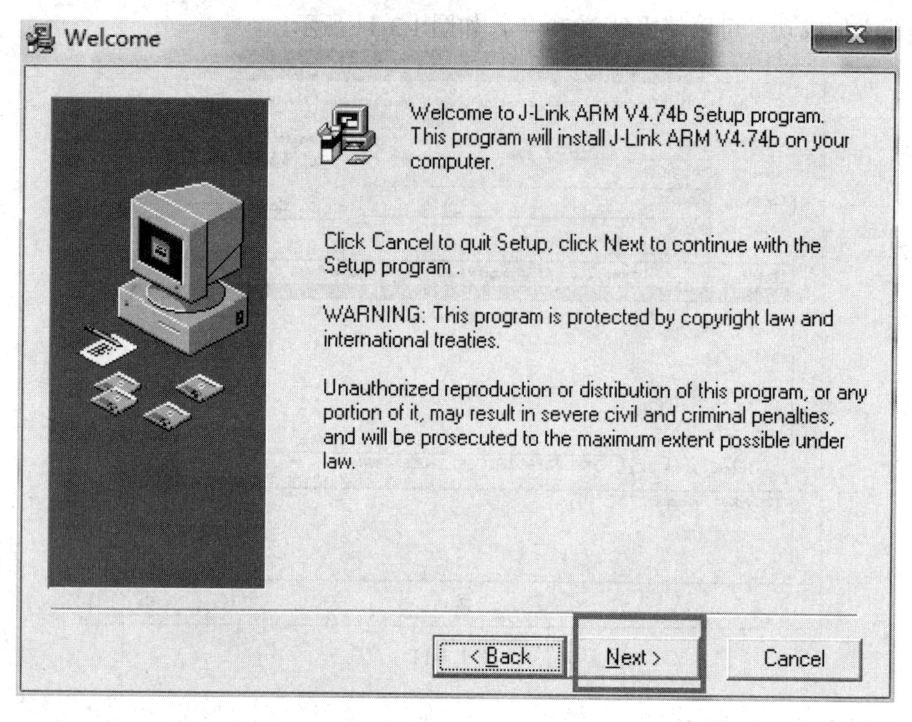

图 1.3-13

(3) 点击 Browse 选择安装文件夹，然后点击 Next。当然，也可以忽略 Browse，直接点击 Next，如图 1.3-14 所示。

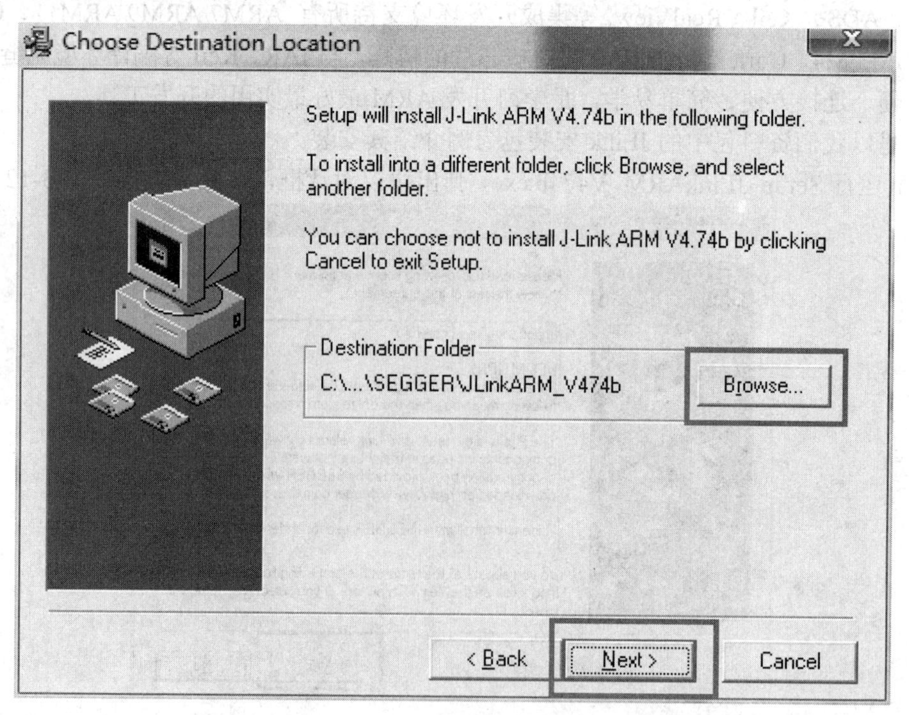

图 1.3-14

(4) 勾选“Install USB Driver for J-Link-OB with CDC”，然后点击 Next，如图 1.3-15 所示。

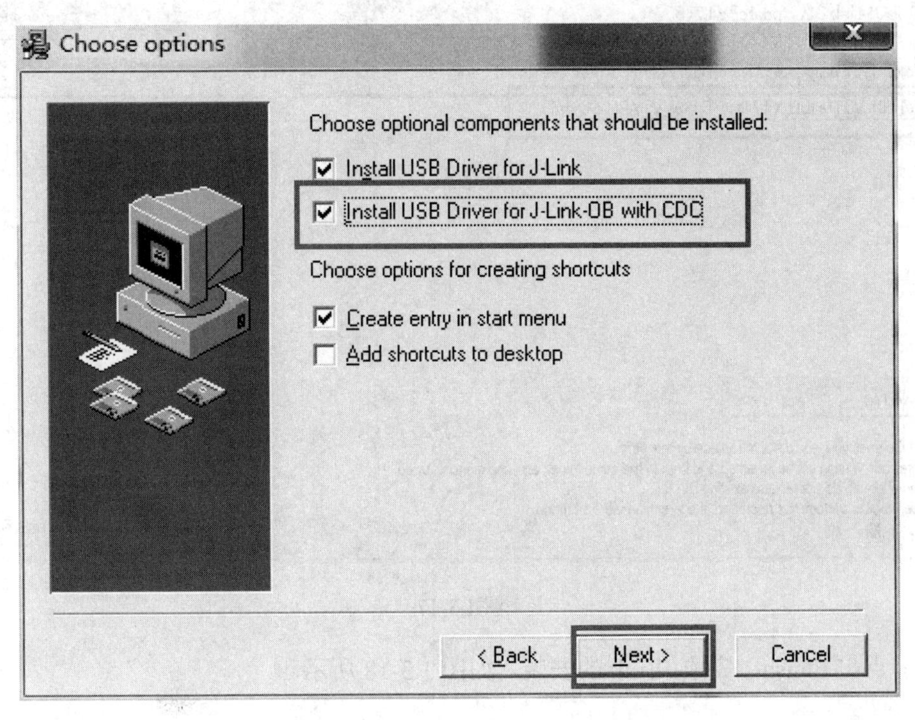

图 1.3-15

(5) 继续点击 Next，如图 1.3-16 所示。

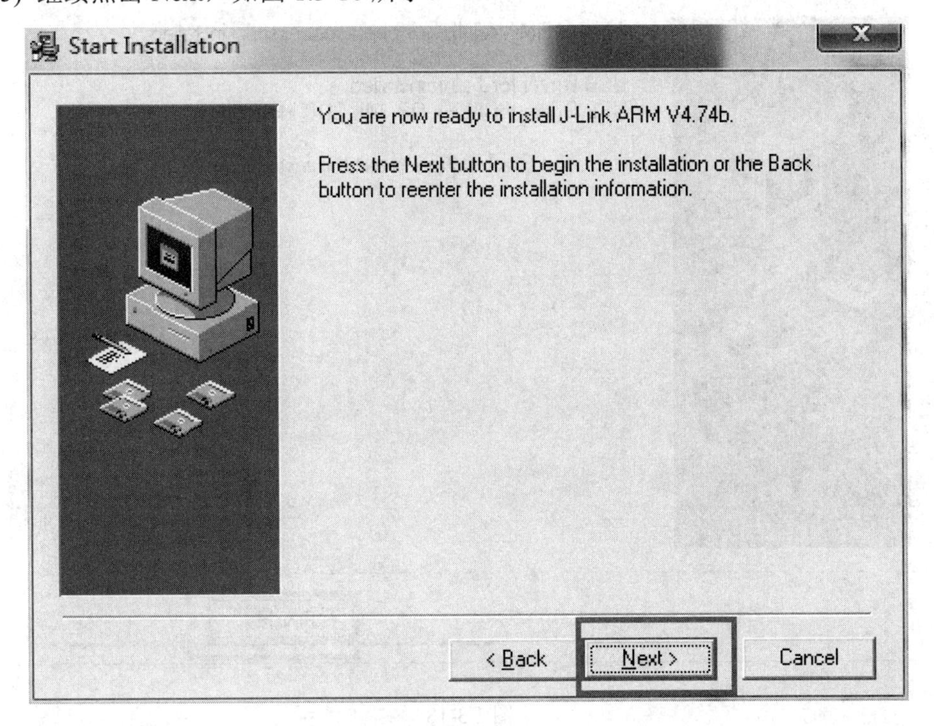

图 1.3-16

(6) 选择电脑中要使用到 JLink 的开发环境，然后点击 Ok，如图 1.3-17 所示。

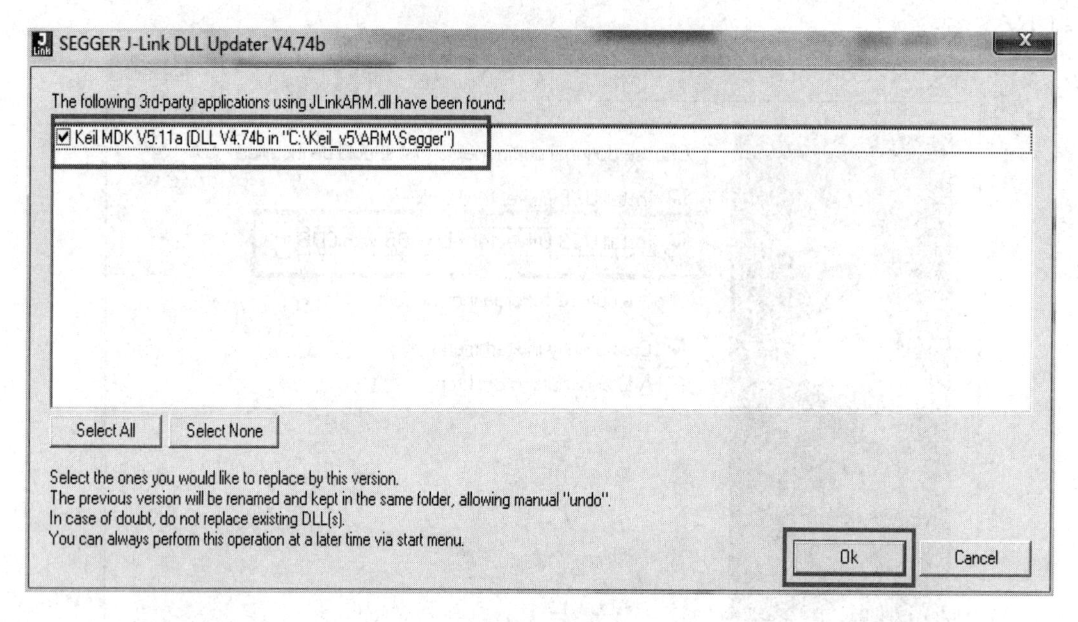

图 1.3-17

(7) 点击 Finish，完成 JLink 的安装，如图 1.3-18 所示。

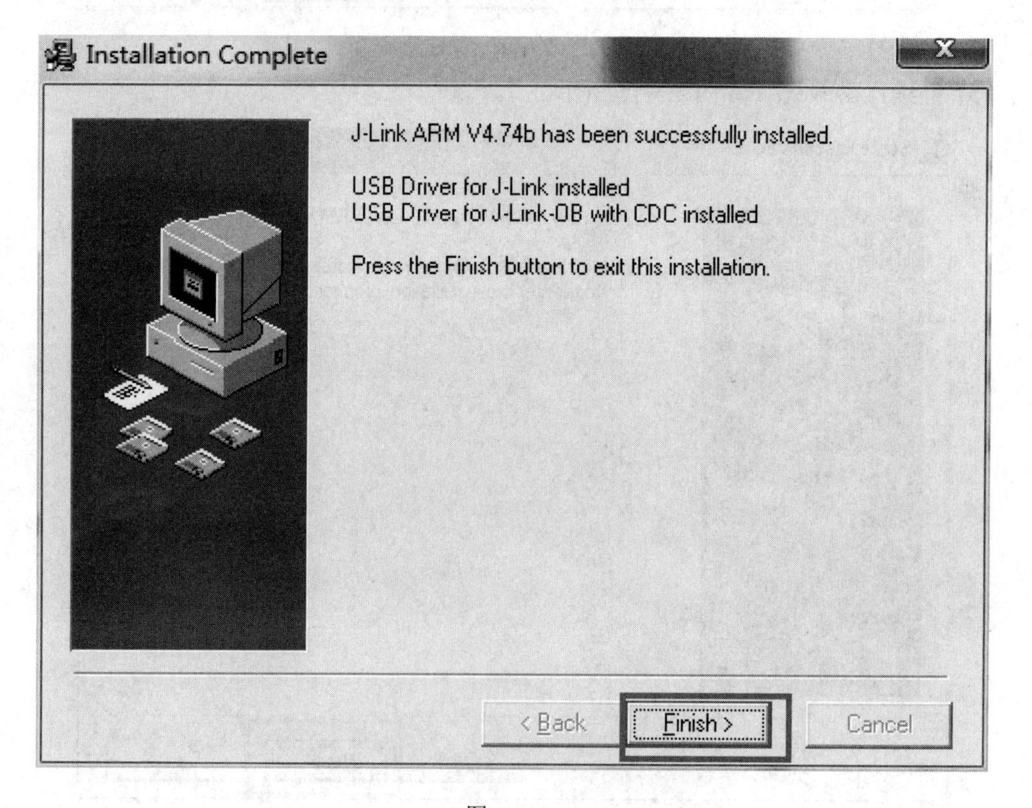

图 1.3-18

(8) 安装完成之后，在开始菜单中可以找到安装的文件，如图 1.3-19 所示。

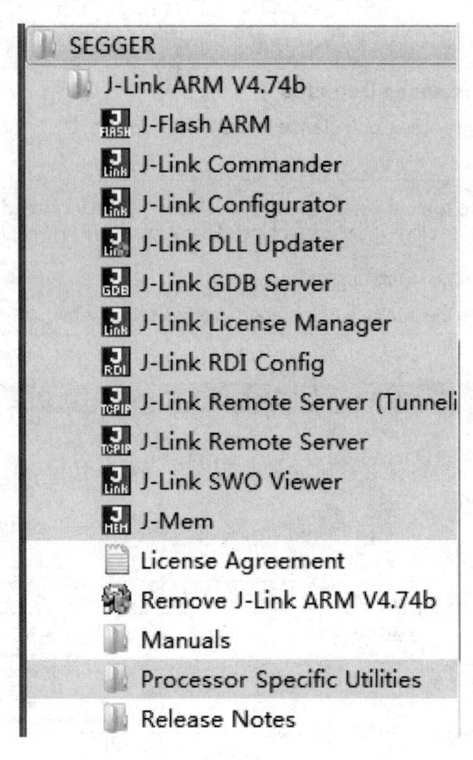

图 1.3-19

(9) 插上 JLink(已经下载好固件的)，就会自动安装驱动，安装成功后的界面如图 1.3-20 所示。

图 1.3-20

1.3.3　安装 USB 转串口驱动

USB 转串口实现计算机 USB 接口到通用串口之间的转换，为没有串口的计算机提供快速通道，使用 USB 转串口设备等于将传统的串口设备变成了即插即用的 USB 设备。USB 接口作为应用最广泛的、每台电脑必不可少的接口，它的最大特点是支持热插拔，即插即用，传输速度快。这里以资料包中的 USB 转串口驱动为例介绍其安装。

(1) 打开 CP210x_VCP_Win_XP_S2K3_Vista_7.exe，点击 Next，如图 1.3-21 所示。

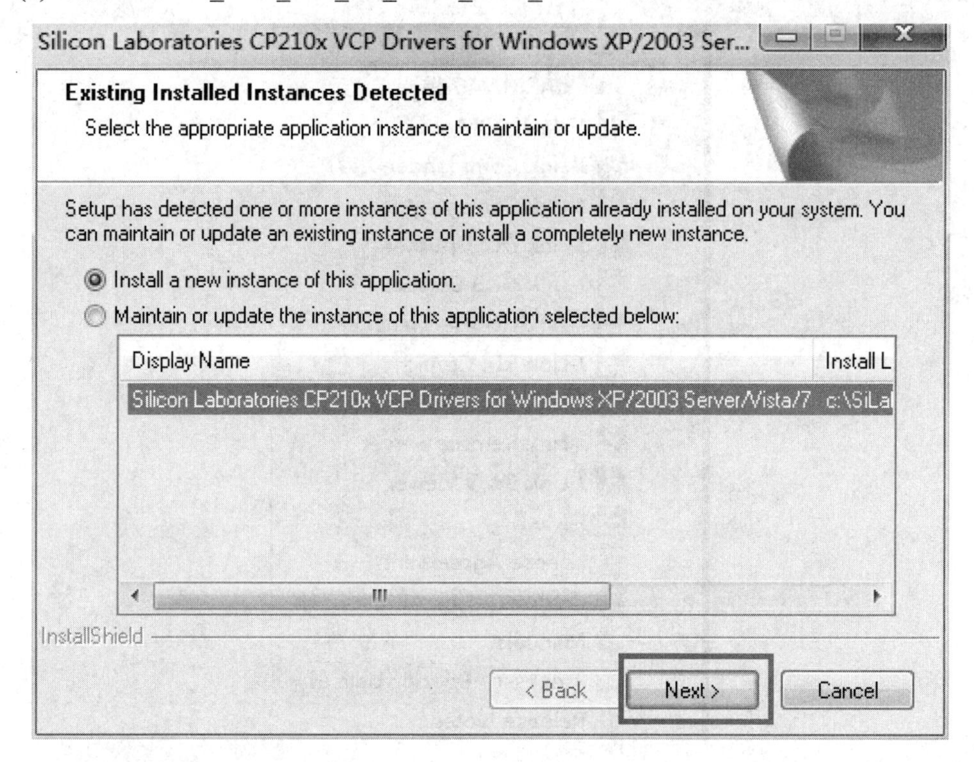

图 1.3-21

(2) 继续点击 Next，如图 1.3-22 所示。

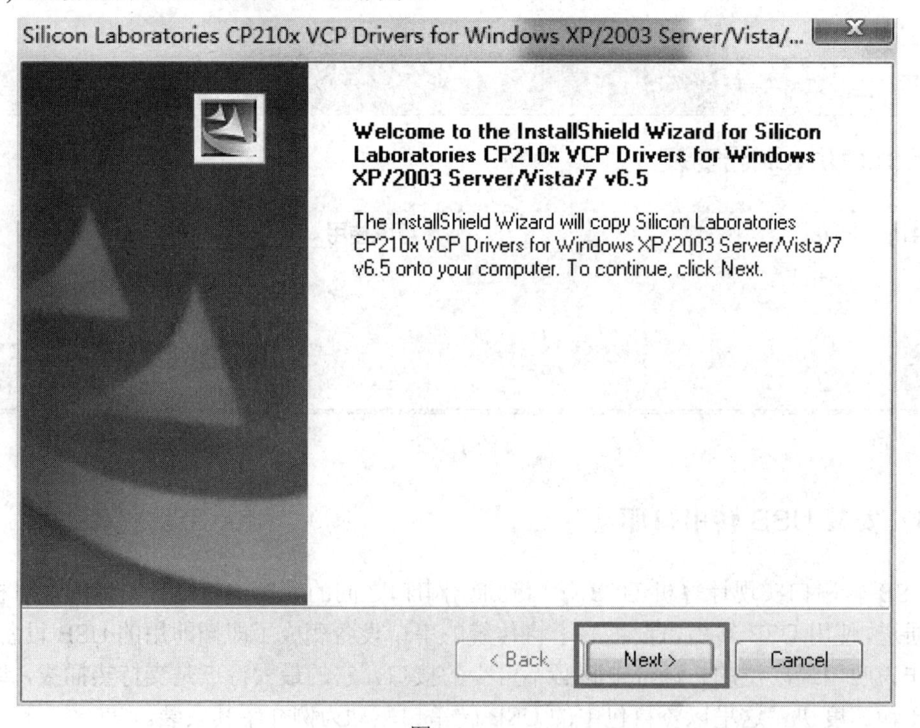

图 1.3-22

(3) 选中“I accept the terms of the license agreement”，点击 Next，如图 1.3-23 所示。

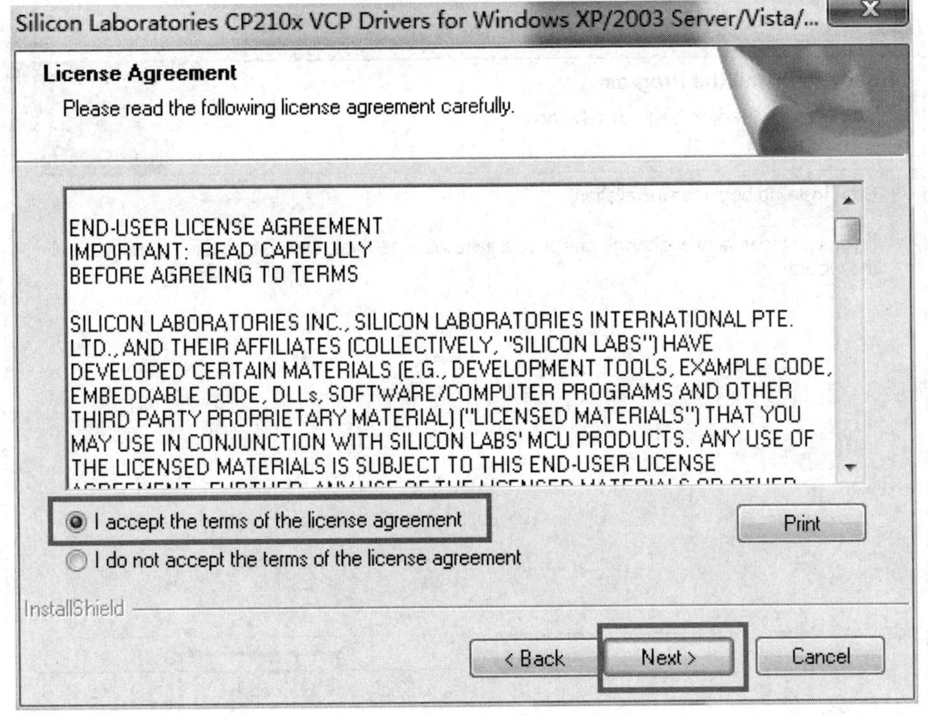

图 1.3-23

(4) 选择安装文件夹，点击 Next，如图 1.3-24 所示。

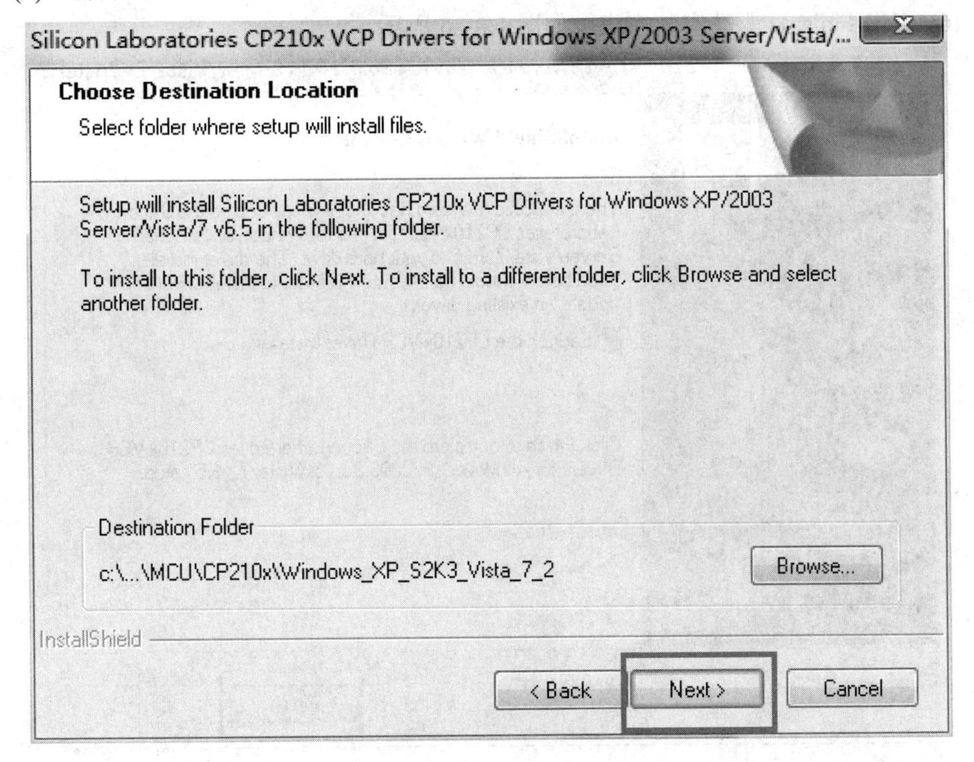

图 1.3-24

(5) 点击 Install，开始安装驱动，如图 1.3-25 所示。

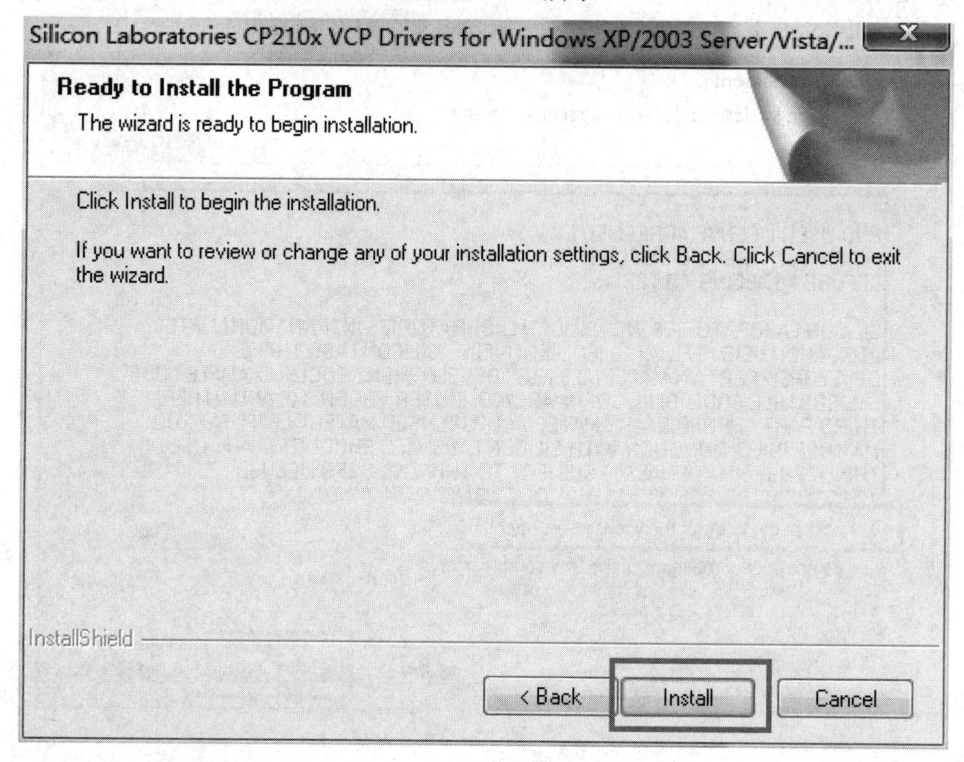

图 1.3-25

(6) 点击 Finish，驱动安装完成，如图 1.3-26 所示。

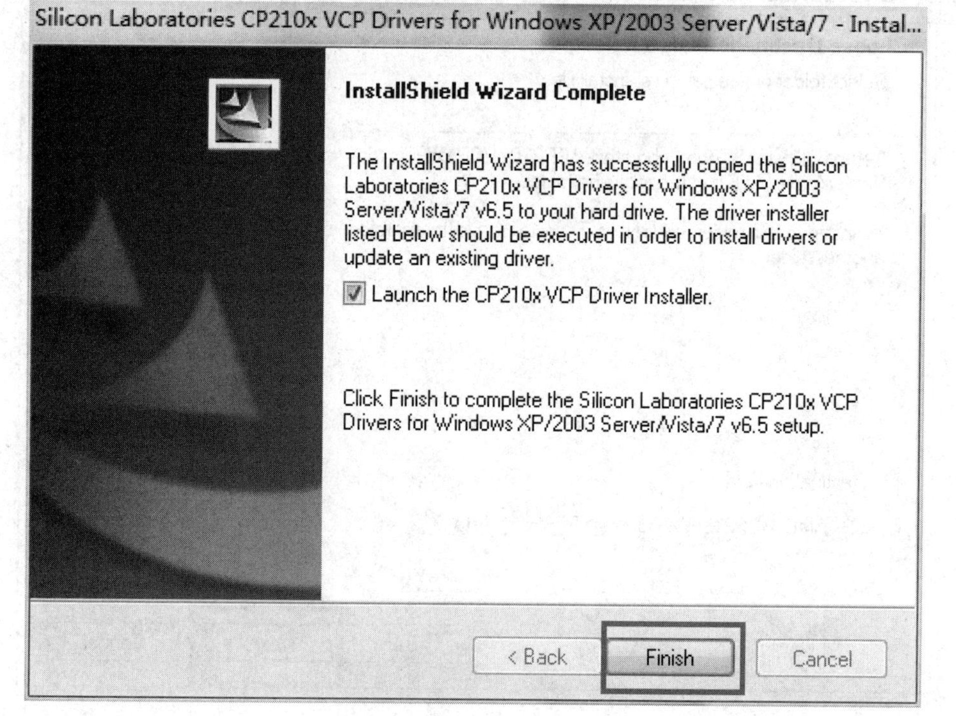

图 1.3-26

1.3.4 安装 SmartSnippets

安装 SmartSnippets 的步骤如下：

(1) 打开 SmartSnippets_install_win64，点击 Next，如图 1.3-27 所示。

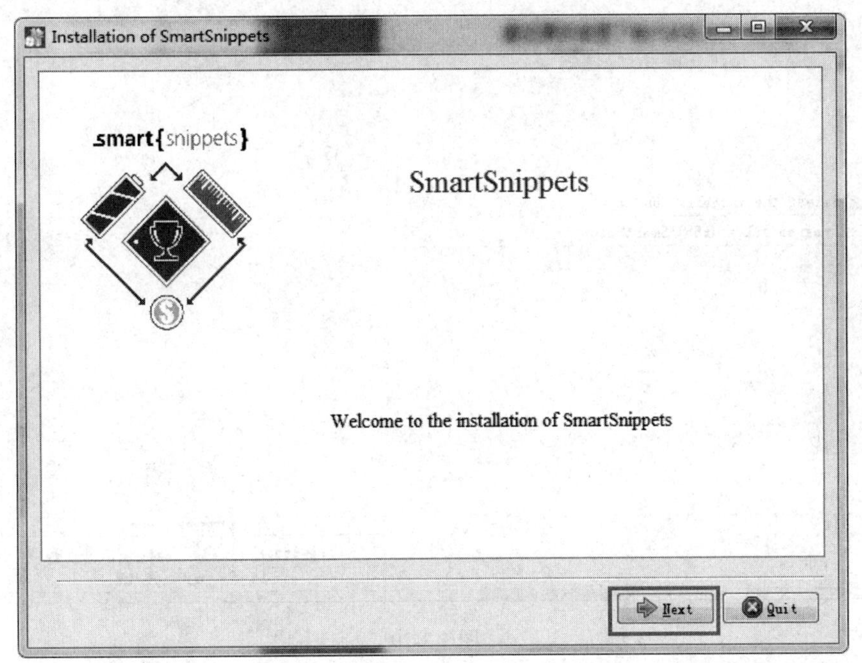

图 1.3-27

(2) 选中“I accept the terms of this license agreement”，点击 Next，如图 1.3-28 所示。

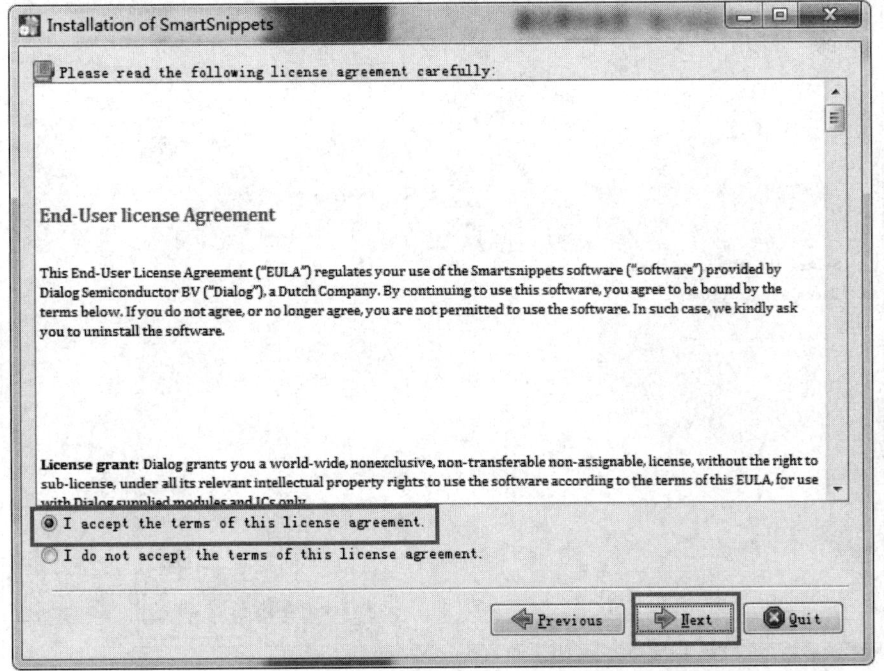

图 1.3-28

(3) 选择安装路径，点击 Next，如图 1.3-29 所示。

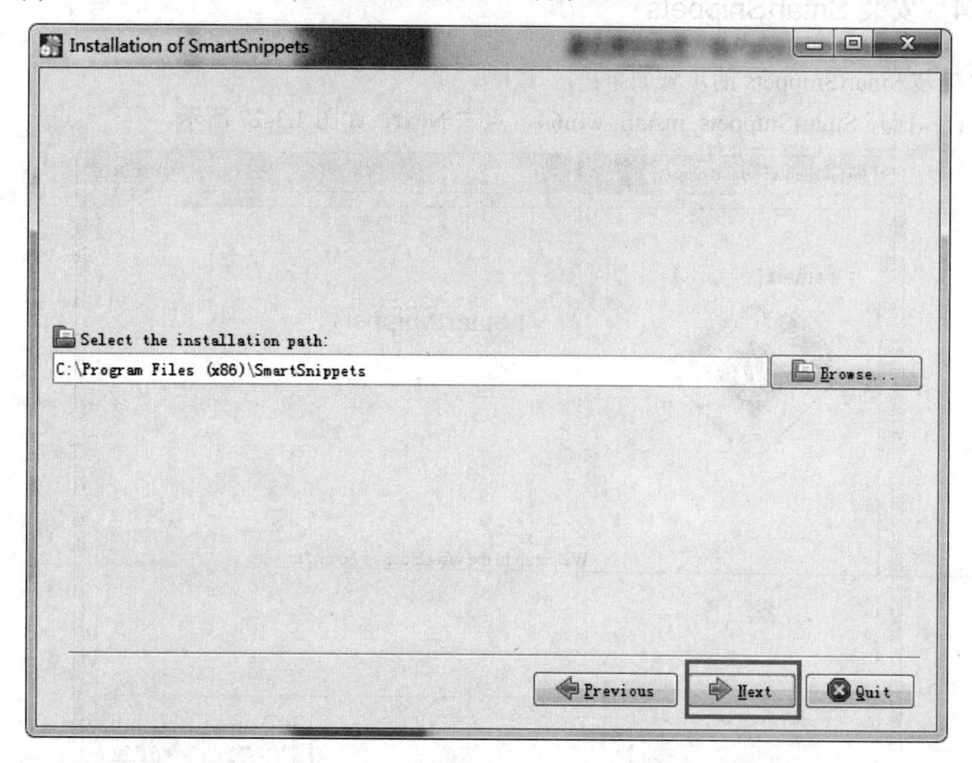

图 1.3-29

(4) 选择工作区路径，点击 Next，如图 1.3-30 所示。

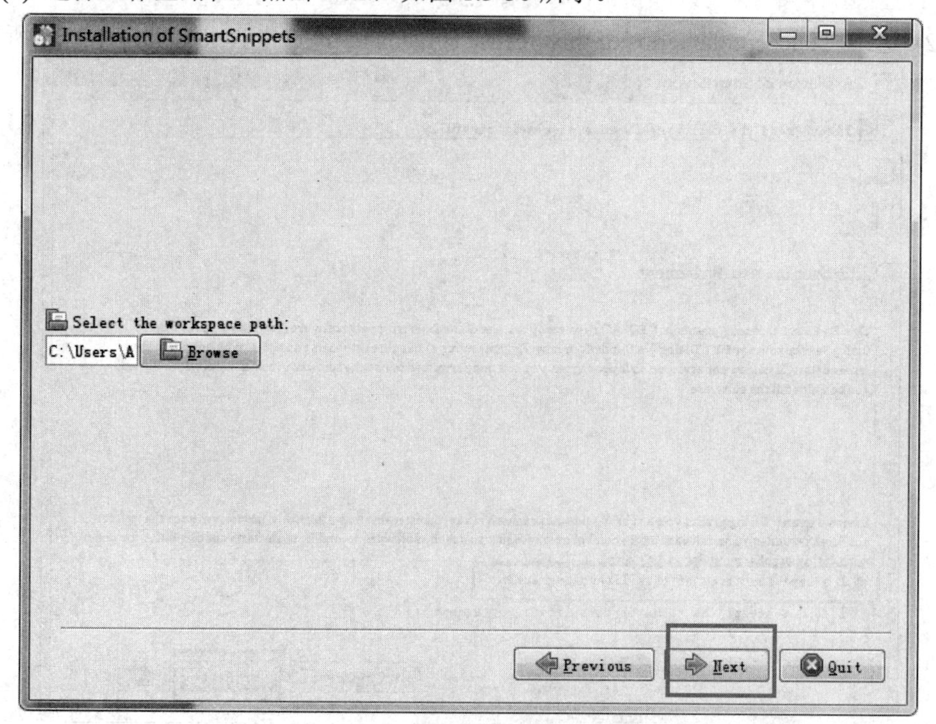

图 1.3-30

(5) 选择安装包，点击 Next，如图 1.3-31 所示。

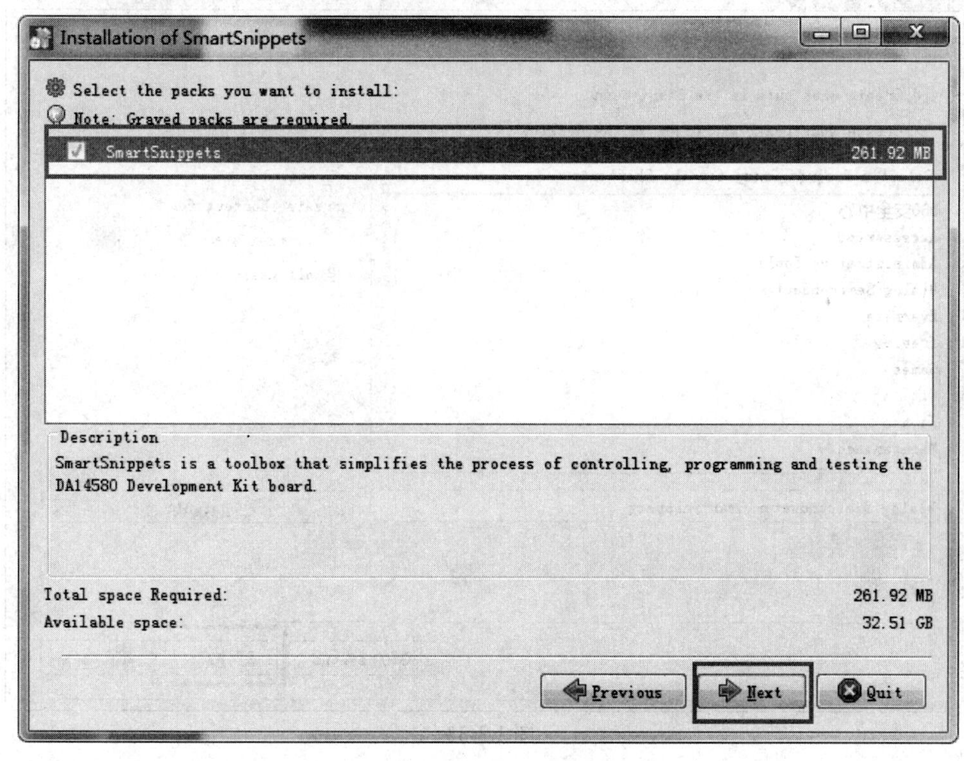

图 1.3-31

(6) 一直点击 Next，最后点击 Done，如图 1.3-32、图 1.3-33、图 1.3-34 所示。

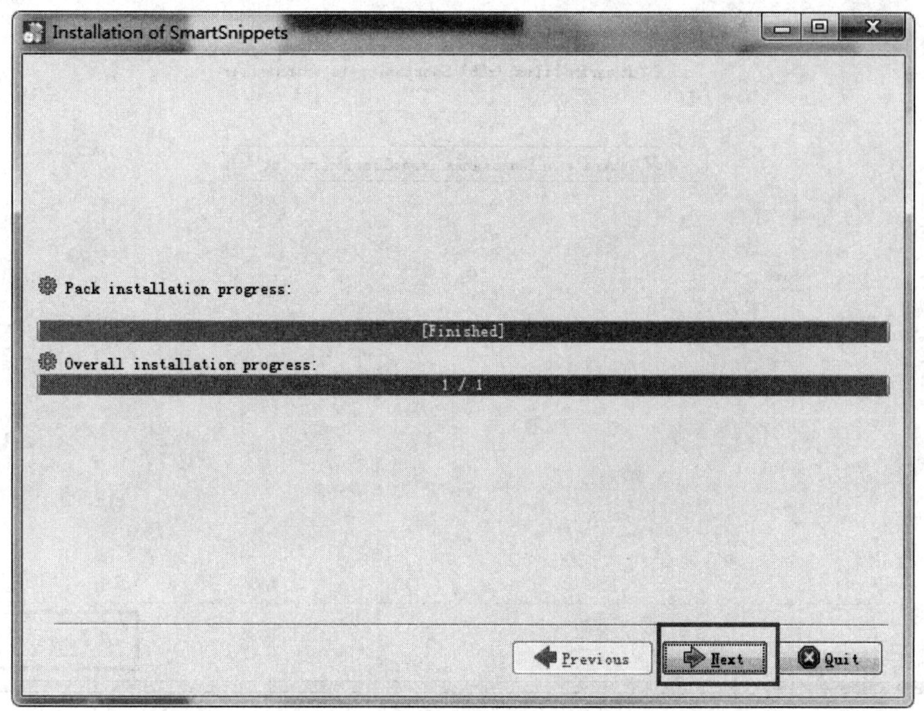

图 1.3-32

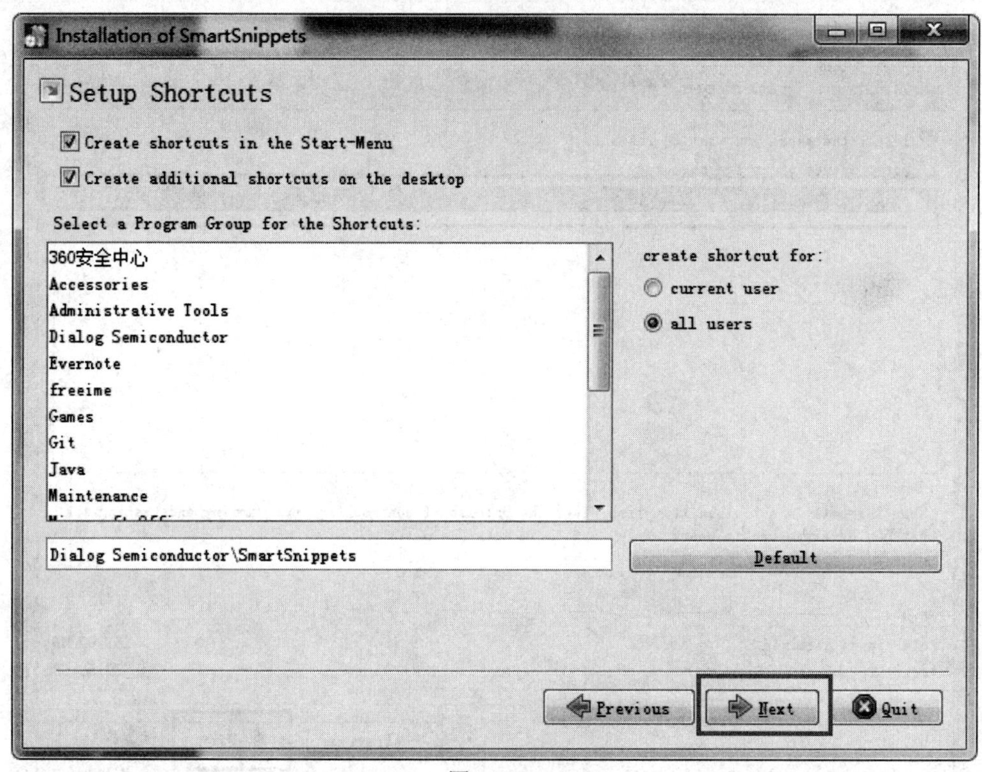
Installation of SmartSnippets
Setup Shortcuts
Create shortcuts in the Start-Menu
Create additional shortcuts on the desktop
Select a Program Group for the Shortcuts:
360安全中心
Accessories
Administrative Tools
Dialog Semiconductor
Evernote
freeime
Games
Git
Java
Maintenance
create shortcut for:
current user
all users
Dialog Semiconductor\SmartSnippets
Default
Previous
Next
Quit

图 1.3-33

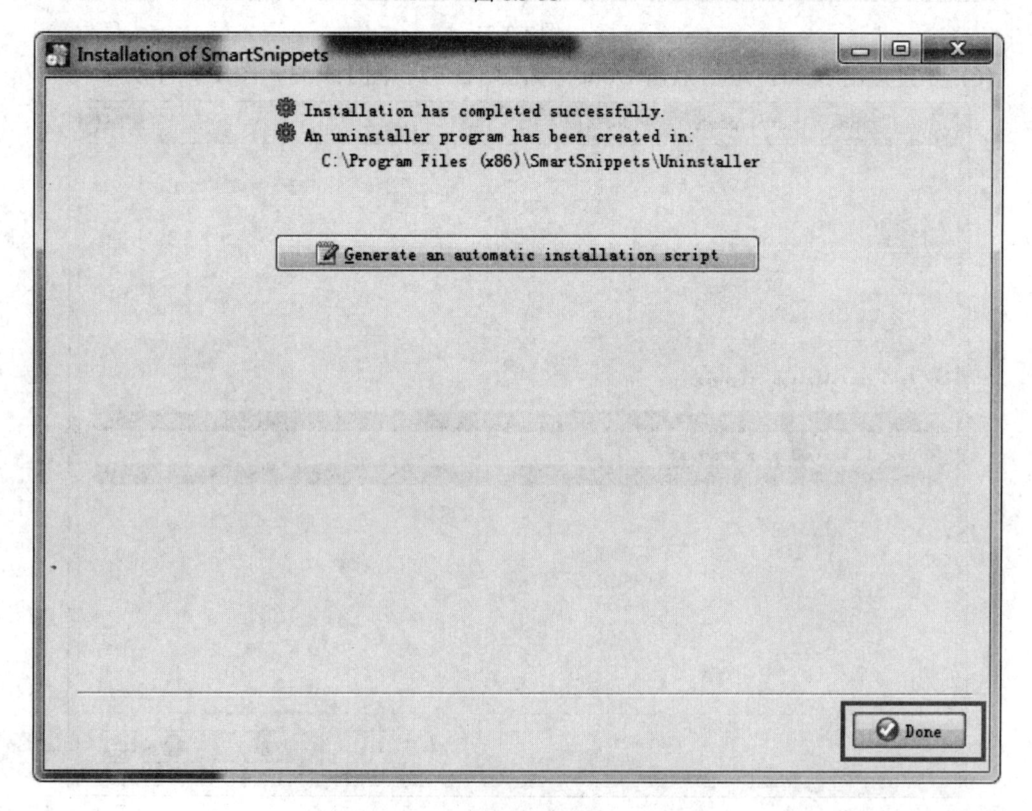
Installation of SmartSnippets
Installation has completed successfully.
An uninstaller program has been created in:
C:\Program Files (x86)\SmartSnippets\Uninstaller
Generate an automatic installation script
Done

图 1.3-34

第二章　开 发 基 础

2.1　STM32F407ZGT6 主控芯片简介

STM32F407ZGT6 是 ST(意法半导体)推出的基于 ARM Cortex-M4 内核的 STM32F4 系列高性能微控制器，采用了 90 nm 的 NVM 工艺和 ART(自适应实时存储加速器，Adaptive Real-Time Memory Accelerator)。

ART 技术使得程序零等待执行，提升了程序执行的效率，将 Cortext-M4 内核的性能发挥到了极致，使得 STM32F4 系列频率可达到 210DMIPS@168MHz。自适应实时存储加速器能够完全释放 Cortex-M4 内核的性能；当 CPU 工作于所有允许的频率(小于等于 168 MHz)时，在闪存中运行的程序可以达到相当于零等待周期的性能。STM32F4 系列微控制器集成了单周期 DSP 指令和 FPU(Floating Point Unit，浮点单元)，提供了计算能力，可以进行一些复杂的计算和控制。

STM32F407ZGT6 拥有卓越的功耗效率，在主频为 168 MHz 情况下，在闪存中执行 CoreMark 基准测试程序时，功耗电流为 38.6 mA，这得益于 ST 的 90 nm 工艺，使得 CPU 内核工作电压低至 1.2 V，而且自适应实时存储加速器减少了访问内存的次数；电压可调，便于优化性能功耗比；可关闭内部调压器，使用外部调压器为 CPU 供电；供电电源可低至 1.7 V，在最低功耗模式下，可以支持后备存储器和实时时钟工作。

STM32F407ZGT6 拥有更多的高级外设。① USB OTG 高速模块：主机模式下支持高速/全速/低速三种速率模式；从机模式下支持高速/全速两种速率模式；内嵌专用 DMA，支持突发传输；内嵌专用 4 KB FIFO；支持多种 PHY 接口。② 照相机功能：拥有 8/10/12/14 位并行接口；支持连续和快照模式；支持多种数据格式，如 8/10/12/14 逐行扫描视频信号、YCbCr4:2:2 逐行扫描视频信号、RGB565 逐行扫描视频信号、压缩数据支持 JPEG 格式；在 48 MHz 时钟和 8 位宽度数据接口配置下可接收 15 f/s 的 SXGA 分辨率每像素 2 字节的未压缩数据流和 30 f/s 的 VGA 分辨率每像素 2 字节的未压缩数据流。③ 加密处理器：支持 DES、TDES 和 AES 加解密算法；拥有三种加解密工作模式，分别为电子密码本(Electronic Codebook)模式、密码段链接(Cipher Block Chaining)模式、计数器(Counter)模式；支持 DMA 传输；输入/输出端各有 8b 的 FIFO。

STM32F407ZGT6 不仅在 M3 内核的基础上新增了很多高级外设，而且在原有外设的基础上，性能进一步增强。例如：拥有更快的模/数转换速度及更低的 ADC/DAC 工作电压；拥有带日历功能的实时时钟、4 KB 的电池备份 SRAM、32 位定时器、更快的 USART 和 SPI 通信速度以及更多的 GPIO。另外，JTAG 引脚还做了熔断保护。

2.2　STM32 开发基础

2.2.1　GPIO

1. GPIO 介绍

STM32F407 的 GPIO 的功能较多，可以灵活配置。每个 I/O 口除了可以作为输入/输出口使用之外，还能作为复用引脚使用，比如串口、I^{2}C、SPI 等特殊接口的引脚。但是需要注意的是，每个引脚的复用功能是有限制的，比如 PF0 引脚的复用功能只有 I2C2_SDA 和 FSMC_A0，所以进行硬件连接时需要注意每个引脚有哪些复用功能，这个可以在 STM32F407 的数据手册中查看。

GPIO 口一共有八种模式，分别为浮空输入、上拉输入、下拉输入、模拟输入、开漏输出、推挽输出、推挽式复用功能和开漏式复用功能。这八种功能就不一一介绍了，有兴趣的读者可以上网搜索了解一下。下面主要介绍本章使用到的输出模式。

(1) 开漏输出：输出端相当于三极管的集电极，需要上拉电阻才能得到高电平，利用外部上拉电阻的驱动能力，减少 IC 内部的驱动，驱动能力强，适合于做电流型的驱动，可达到 20 mA。

(2) 推挽输出：可以输出高、低电平，连接数字器件，是由两个参数相同的三极管或 MOSFET 以推挽方式连接，各负责正负半周的波形放大任务。电路工作时，两只对称的功率开关管每次只有一个导通，所以导通损耗小、效率高，既提高电路的负载能力，又提高开关速度。

2. 实验过程

GPIO 实验通过 LED 来实现流水灯的现象，LED 与 MCU 硬件连接的电路图如图 2.2-1 和图 2.2-2 所示。

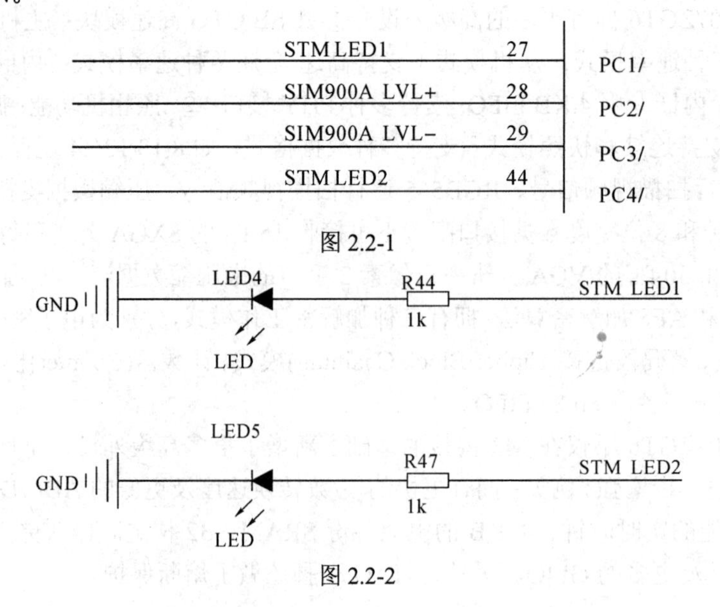

图 2.2-1

图 2.2-2

两个LED分别与PC1、PC4引脚相连，这里需对PC1与PC4引脚进行配置，配置代码(通过调用官方库)如清单2.2-1所示，实验代码如清单2.2-2所示。

--代码清单2.2-1--

```
GPIO_InitTypeDef   GPIO_InitStructure;
RCC_AHB1PeriphClockCmd(RCC_AHB1Periph_GPIOC, ENABLE);

GPIO_InitStructure.GPIO_Pin = GPIO_Pin_1 | GPIO_Pin_4;
GPIO_InitStructure.GPIO_Mode = GPIO_Mode_OUT;
GPIO_InitStructure.GPIO_OType = GPIO_OType_PP;
GPIO_InitStructure.GPIO_Speed = GPIO_Speed_100MHz;
GPIO_InitStructure.GPIO_PuPd = GPIO_PuPd_UP;
GPIO_Init(GPIOC, &GPIO_InitStructure);
```

--代码清单2.2-2--

```
void Delay(uint32_t delay_num)
{     uint32_t i;
      while(delay_num--){
        for(i=0;i<3000;i++)
            {
              __nop();
            }
      }
}

int main(void)
{
  GPIO_InitTypeDef   GPIO_InitStructure;
  RCC_AHB1PeriphClockCmd(RCC_AHB1Periph_GPIOC, ENABLE);
  GPIO_InitStructure.GPIO_Pin = GPIO_Pin_1 | GPIO_Pin_4;
  GPIO_InitStructure.GPIO_Mode = GPIO_Mode_OUT;
  GPIO_InitStructure.GPIO_OType = GPIO_OType_PP;
  GPIO_InitStructure.GPIO_Speed = GPIO_Speed_100MHz;
  GPIO_InitStructure.GPIO_PuPd = GPIO_PuPd_UP;
  GPIO_Init(GPIOC, &GPIO_InitStructure);
  while(1){

          GPIO_SetBits(GPIOC,GPIO_Pin_1);
          GPIO_ResetBits(GPIOC,GPIO_Pin_4);
```

```
                Delay(600);
                GPIO_SetBits(GPIOC,GPIO_Pin_4);
                GPIO_ResetBits(GPIOC,GPIO_Pin_1);
                Delay(600);
        }
    }
```

---

3. 实验现象

如图 2.2-3 和图 2.2-4 所示，找到资料包里的工程文件，打开代码后先点击编译按钮，编译完成若没有错误，则可直接点击下载按钮下载代码。如果需要调试，单步运行代码，就点击 Debug 按钮，这时可以看到开发套上的流水灯现象，如图 2.2-5 所示。

WT_Mobile ▸ 1.初级教程 ▸ STM32F407 ▸ 1_GPIO ▸ GPIO流水灯 ▸ user

助(H)

新建文件夹

名称	修改日期	类型	大小
GPIO流水灯.uvproj	2015/11/22 19:01	礦ision4 Project	17 KB
JLinkLog.txt	2015/11/25 23:31	文本文档	30 KB
JLinkSettings.ini	2015/11/22 18:45	配置设置	1 KB
main.c	2015/11/26 22:08	C Source	2 KB
Simple_Code.map	2015/11/25 23:28	Linker Address ...	66 KB
startup_stm32f40_41xxx.lst	2015/11/25 23:27	MASM Listing	76 KB
stm32f4xx.h	2014/8/1 22:30	C/C++ Header	688 KB
stm32f4xx_conf.h	2015/11/25 23:28	C/C++ Header	5 KB
stm32f4xx_it.c	2015/11/22 16:52	C Source	5 KB
stm32f4xx_it.h	2014/8/1 23:55	C/C++ Header	3 KB
system_stm32f4xx.c	2014/8/1 23:37	C Source	47 KB
system_stm32f4xx.h	2014/8/1 22:30	C/C++ Header	3 KB

图 2.2-3

图 2.2-4

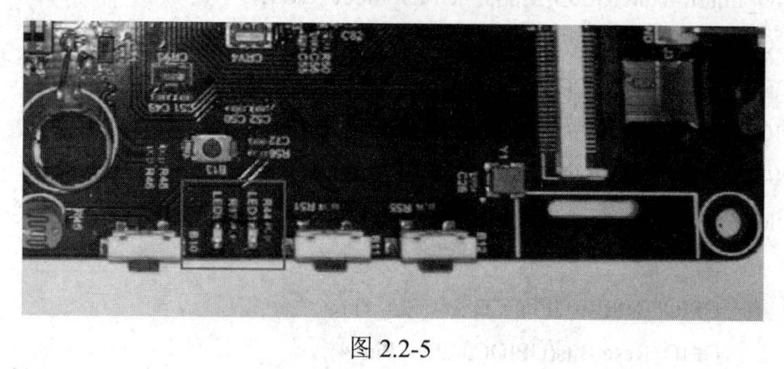

图 2.2-5

2.2.2　外部中断

1. 外部中断介绍

STM32F407 的每个 GPIO 引脚都可以作为外部中断的中断输入口，它的中断控制器支持 22 个外部中断/事件请求。每个中断设有状态位，每个中断/事件都有独立的触发和屏蔽设置。

STM32F407 的 22 个外部中断为：

Line0～15：对应外部 I/O 口的输入中断；

Line16：连接到 PVD 输出；

Line17：连接到 RTC 闹铃事件；

Line18：连接到 USB_OTG_FS 唤醒事件；

Line19：连接到以太网唤醒事件；

Line20：连接到 USB_OTG_HS 唤醒事件；

Line21：连接到 RTC 入侵和时间戳事件；

Line22：连接到 RTC 唤醒事件。

这里将使用到 Line0～15 的 GPIO 输入中断，0～15 分别对应每组 GPIO 引脚的 0～15。

2. 实验过程

外部中断实验通过按键来触发中断，控制 LED 的亮灭，LED 以及按键与 MCU 硬件连接的电路图如图 2.2-6、图 2.2-7 和图 2.2-8 所示。

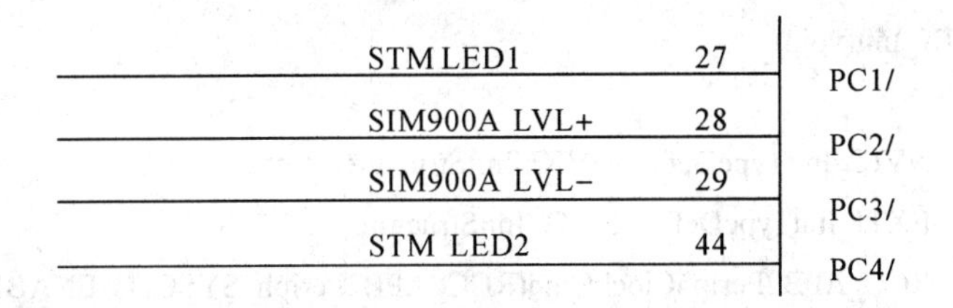

图 2.2-6

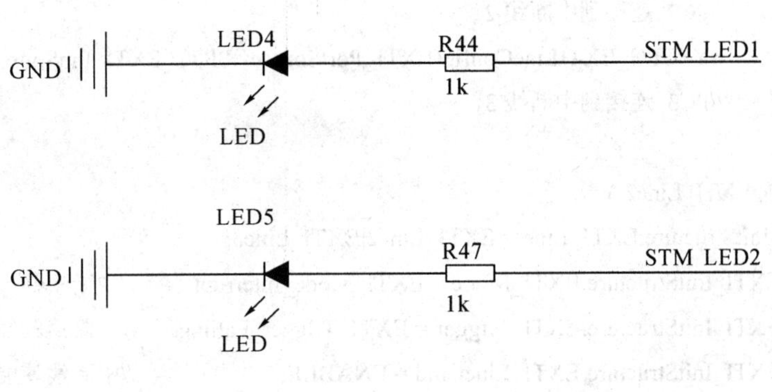

图 2.2-7

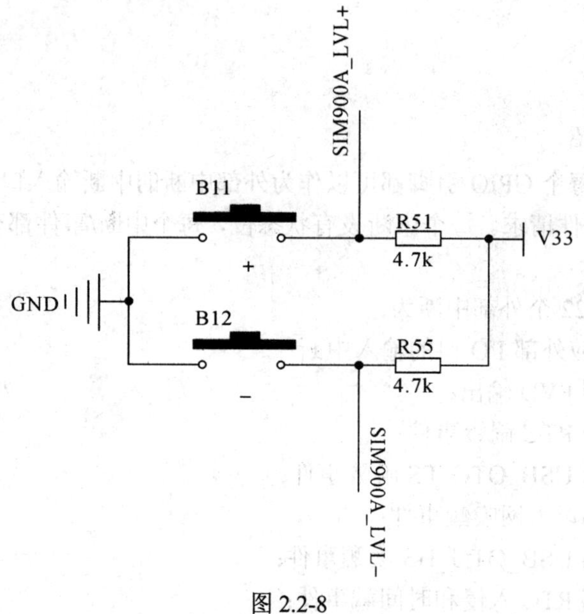

图 2.2-8

两个 LED 分别与 PC1、PC4 引脚相连，两个按键分别与 PC2、PC3 连接。对 PC1 与 PC4 的配置可以参考 GPIO 实验教程，这里只介绍对 PC2 与 PC3 引脚的中断配置，代码如清单 2.2-3 所示。

```
-----------------------------------------------代码清单 2.2-3-----------------------------------------------
//外部中断初始化程序
//初始化 PC2,3 为中断输入
void EXTIX_Init(void)
{
        NVIC_InitTypeDef     NVIC_InitStructure;
        EXTI_InitTypeDef     EXTI_InitStructure;
        RCC_APB2PeriphClockCmd(RCC_APB2Periph_SYSCFG, ENABLE);
        //使能 SYSCFG 时钟
        SYSCFG_EXTILineConfig(EXTI_PortSourceGPIOC, EXTI_PinSource2);
        //PC2  连接到中断线 2
        SYSCFG_EXTILineConfig(EXTI_PortSourceGPIOC, EXTI_PinSource3);
        //PC3  连接到中断线 3

/*  配置 EXTI_Line2,3 */
EXTI_InitStructure.EXTI_Line = EXTI_Line2|EXTI_Line3;
    EXTI_InitStructure.EXTI_Mode = EXTI_Mode_Interrupt;      //中断事件
    EXTI_InitStructure.EXTI_Trigger = EXTI_Trigger_Falling;  //下降沿触发
    EXTI_InitStructure.EXTI_LineCmd = ENABLE;                //中断线使能
    EXTI_Init(&EXTI_InitStructure);                          //配置
```

```
NVIC_InitStructure.NVIC_IRQChannel = EXTI2_IRQn;        //外部中断 2
    NVIC_InitStructure.NVIC_IRQChannelPreemptionPriority = 0x00;     //抢占优先级 0
    NVIC_InitStructure.NVIC_IRQChannelSubPriority = 0x02;     //子优先级 2
    NVIC_InitStructure.NVIC_IRQChannelCmd = ENABLE;     //使能外部中断通道
    NVIC_Init(&NVIC_InitStructure);          //配置

NVIC_InitStructure.NVIC_IRQChannel = EXTI3_IRQn;        //外部中断 3
        NVIC_InitStructure.NVIC_IRQChannelPreemptionPriority = 0x01;  //抢占优先级 1
        NVIC_InitStructure.NVIC_IRQChannelSubPriority = 0x02;     //子优先级 2
        NVIC_InitStructure.NVIC_IRQChannelCmd = ENABLE;     //使能外部中断通道
        NVIC_Init(&NVIC_InitStructure);          //配置

}

int main(void)
{
        GPIO_InitTypeDef    GPIO_InitStructure;
        RCC_AHB1PeriphClockCmd(RCC_AHB1Periph_GPIOC, ENABLE);

GPIO_InitStructure.GPIO_Pin = GPIO_Pin_1|GPIO_Pin_4;        //LED 对应引脚
        GPIO_InitStructure.GPIO_Mode = GPIO_Mode_OUT;        //普通输出模式
        GPIO_InitStructure.GPIO_Speed = GPIO_Speed_100MHz;        //100 MHz
        GPIO_InitStructure.GPIO_OType = GPIO_OType_PP;        //推挽输出
        GPIO_Init(GPIOC, &GPIO_InitStructure);        //初始化 GPIOC1,4

        GPIO_InitStructure.GPIO_Pin = GPIO_Pin_2|GPIO_Pin_3;        //按键对应引脚
        GPIO_InitStructure.GPIO_Mode = GPIO_Mode_IN;        //普通输入模式
        GPIO_InitStructure.GPIO_Speed = GPIO_Speed_100MHz;        //100 MHz
        GPIO_InitStructure.GPIO_PuPd = GPIO_PuPd_UP;        //上拉
        GPIO_Init(GPIOC, &GPIO_InitStructure);        //初始化 GPIOC2,3

        //外部中断初始化
EXTIX_Init();

        while(1){
        }
}
//外部中断 2 服务程序
void EXTI2_IRQHandler(void)
```

```
{
        Delay(100);    //消抖
        GPIO_ToggleBits(GPIOC,GPIO_Pin_1);
        EXTI_ClearITPendingBit(EXTI_Line2);          //清除 LINE2 上的中断标志位
}
//外部中断 3 服务程序
void EXTI3_IRQHandler(void)
{
        Delay(100);    //消抖
        GPIO_ToggleBits(GPIOC,GPIO_Pin_4);
        EXTI_ClearITPendingBit(EXTI_Line3);          //清除 LINE3 上的中断标志位
}
```

---

3. 实验现象

如图 2.2-9 和图 2.2-10 所示，找到资料包里的工程文件，打开代码后先点击编译按钮，编译完成没有错误，则可直接点击下载按钮下载代码。如果需要调试，单步运行代码，就点击 Debug 按钮。下载完代码后，右侧的按键控制红色 LED 的亮灭，左侧的按键控制绿色 LED 的亮灭，如图 2.2-11 所示。

WT_Mobile ▸ 1.初级教程 ▸ STM32F407 ▸ 2_中断 ▸ 按键中断 ▸ user

助(H)

新建文件夹

名称	修改日期	类型	大小
JLinkLog.txt	2015/11/26 13:05	文本文档	50 KB
JLinkSettings.ini	2015/11/22 17:03	配置设置	1 KB
main.c	2015/11/26 22:11	C Source	4 KB
stm32f4xx.h	2014/8/1 22:30	C/C++ Header	688 KB
stm32f4xx_conf.h	2015/11/22 19:24	C/C++ Header	5 KB
stm32f4xx_it.c	2015/11/22 16:52	C Source	5 KB
stm32f4xx_it.h	2014/8/1 23:55	C/C++ Header	3 KB
system_stm32f4xx.c	2014/8/1 23:37	C Source	47 KB
system_stm32f4xx.h	2014/8/1 22:30	C/C++ Header	3 KB
按键中断.uvproj	2015/11/22 19:22	礦ision4 Project	17 KB

图 2.2-9

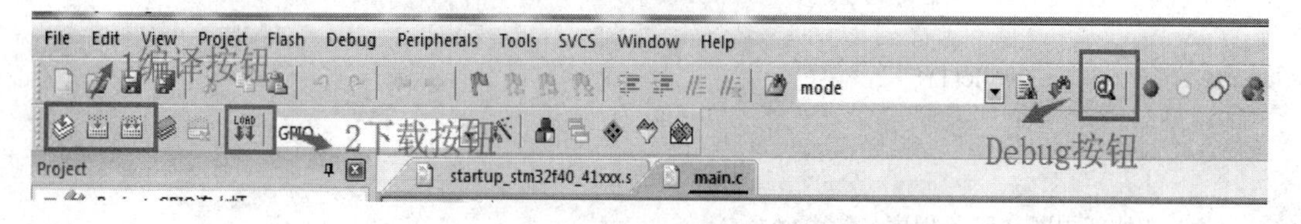

图 2.2-10

图 2.2-11

2.2.3　定时器

1. 定时器介绍

STM32F407 的通用定时器包含一个 16 位/32 位自动重载计数器，由可编程预分频器驱动，可以用于测量输入信号的脉宽，输出 PWM 信号等，而且定时器之间是完全独立的。通用定时器功能有：16 位/32 位自动装载计数器；16 位可编程预分频器，分频系数为 1～65 535 的任意数值；4 个独立通道等。

2. 实验过程

定时器实验控制 LED 的闪烁，红色灯的闪烁频率为绿色的两倍，LED 与 MCU 硬件连接的电路图如图 2.2-12 和图 2.2-13 所示。

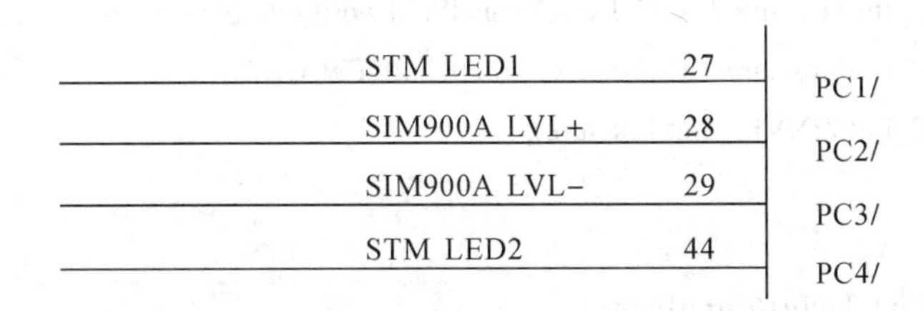

图 2.2-12

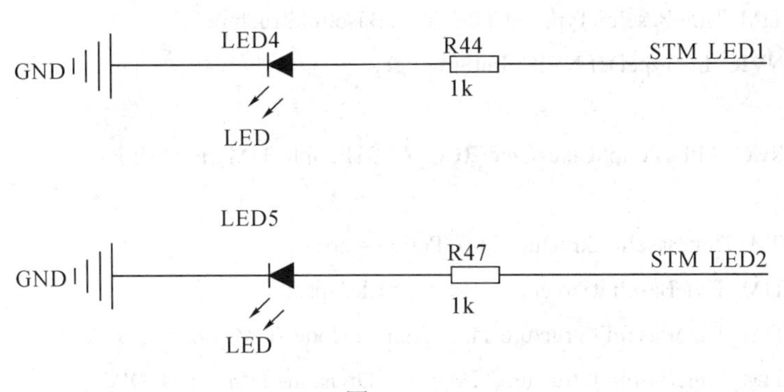

图 2.2-13

两个 LED 分别与 PC1、PC4 引脚相连，对相应的定时器进行配置，实验代码如清单 2.2-4 所示。

```
----------------------------------------------代码清单 2.2-4----------------------------------------------
void TIM3_Int_Init(u16 arr,u16 psc)
{
    TIM_TimeBaseInitTypeDef TIM_TimeBaseInitStructure;
    NVIC_InitTypeDef NVIC_InitStructure;

    RCC_APB1PeriphClockCmd(RCC_APB1Periph_TIM3,ENABLE);

   TIM_TimeBaseInitStructure.TIM_Period = arr;
    TIM_TimeBaseInitStructure.TIM_Prescaler=psc;
    TIM_TimeBaseInitStructure.TIM_CounterMode=TIM_CounterMode_Up;
    TIM_TimeBaseInitStructure.TIM_ClockDivision=TIM_CKD_DIV1;

    TIM_TimeBaseInit(TIM3,&TIM_TimeBaseInitStructure);

    TIM_ITConfig(TIM3,TIM_IT_Update,ENABLE);
    TIM_Cmd(TIM3,ENABLE);

    NVIC_InitStructure.NVIC_IRQChannel=TIM3_IRQn;
    NVIC_InitStructure.NVIC_IRQChannelPreemptionPriority=0x01;
    NVIC_InitStructure.NVIC_IRQChannelSubPriority=0x03;
    NVIC_InitStructure.NVIC_IRQChannelCmd=ENABLE;
    NVIC_Init(&NVIC_InitStructure);

}
void TIM4_Int_Init(u16 arr,u16 psc)
{
    TIM_TimeBaseInitTypeDef TIM_TimeBaseInitStructure;
    NVIC_InitTypeDef NVIC_InitStructure;

    RCC_APB1PeriphClockCmd(RCC_APB1Periph_TIM4,ENABLE);

   TIM_TimeBaseInitStructure.TIM_Period = arr;
    TIM_TimeBaseInitStructure.TIM_Prescaler=psc;
    TIM_TimeBaseInitStructure.TIM_CounterMode=TIM_CounterMode_Up;
    TIM_TimeBaseInitStructure.TIM_ClockDivision=TIM_CKD_DIV1;
```

```
    TIM_TimeBaseInit(TIM4,&TIM_TimeBaseInitStructure);

    TIM_ITConfig(TIM4,TIM_IT_Update,ENABLE);
    TIM_Cmd(TIM4,ENABLE);

    NVIC_InitStructure.NVIC_IRQChannel=TIM4_IRQn;
    NVIC_InitStructure.NVIC_IRQChannelPreemptionPriority=0x01;
    NVIC_InitStructure.NVIC_IRQChannelSubPriority=0x04;
    NVIC_InitStructure.NVIC_IRQChannelCmd=ENABLE;
    NVIC_Init(&NVIC_InitStructure);
}
int main(void)
{
    GPIO_InitTypeDef   GPIO_InitStructure;

    NVIC_PriorityGroupConfig(NVIC_PriorityGroup_2);

    RCC_AHB1PeriphClockCmd(RCC_AHB1Periph_GPIOC, ENABLE);

    GPIO_InitStructure.GPIO_Pin = GPIO_Pin_1|GPIO_Pin_4;
    GPIO_InitStructure.GPIO_Mode = GPIO_Mode_OUT;
    GPIO_InitStructure.GPIO_OType = GPIO_OType_PP;
    GPIO_InitStructure.GPIO_Speed = GPIO_Speed_100MHz;
    GPIO_Init(GPIOC, &GPIO_InitStructure);

    TIM3_Int_Init(4999,8399);
    TIM4_Int_Init(2499,8399);
    while(1){}
}

void TIM3_IRQHandler(void)
{
    if(TIM_GetITStatus(TIM3,TIM_IT_Update)==SET)
    {
        GPIO_ToggleBits(GPIOC, GPIO_Pin_1);
    }
    TIM_ClearITPendingBit(TIM3,TIM_IT_Update);
}
```

```
void TIM4_IRQHandler(void)
{
    if(TIM_GetITStatus(TIM4,TIM_IT_Update)==SET)
    {
        GPIO_ToggleBits(GPIOC, GPIO_Pin_4);
    }
    TIM_ClearITPendingBit(TIM4,TIM_IT_Update);
}
```

----

3. 实验现象

如图 2.2-14 和图 2.2-15 所示，找到资料包里的工程文件，打开代码后先点击编译按钮，编译完成没有错误，则可直接点击下载按钮下载代码。如果需要调试，单步运行代码，就点击 Debug 按钮。代码下载完就会看到板子上的两个 LED 灯开始闪烁，并且红色 LED 灯的闪烁频率为绿色 LED 的两倍，如图 2.2-16 所示。

WT_Mobile ▸ 1.初级教程 ▸ STM32F407 ▸ 3_定时器 ▸ 定时器 ▸ user

助(H)

新建文件夹

名称	修改日期	类型	大小
JLinkLog.txt	2015/11/26 13:14	文本文档	62 KB
JLinkSettings.ini	2015/11/22 17:03	配置设置	1 KB
main.c	2015/11/26 13:11	C Source	3 KB
stm32f4xx.h	2014/8/1 22:30	C/C++ Header	688 KB
stm32f4xx_conf.h	2015/11/22 22:07	C/C++ Header	5 KB
stm32f4xx_it.c	2015/11/22 16:52	C Source	5 KB
stm32f4xx_it.h	2014/8/1 23:55	C/C++ Header	3 KB
system_stm32f4xx.c	2014/8/1 23:37	C Source	47 KB
system_stm32f4xx.h	2014/8/1 22:30	C/C++ Header	3 KB
定时器.uvproj	2015/11/22 22:00	礦ision4 Project	17 KB

图 2.2-14

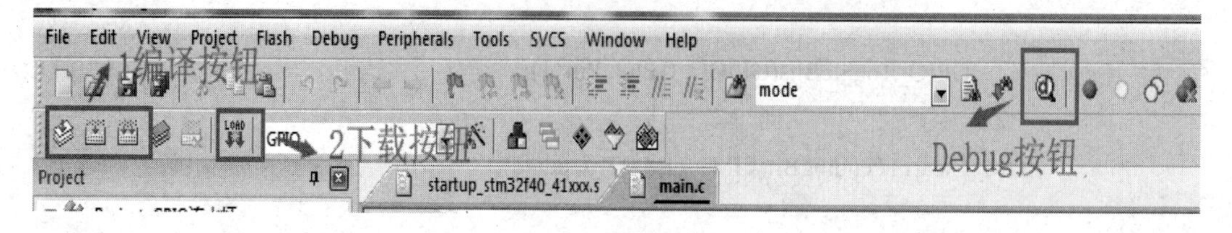

图 2.2-15

图 2.2-16

2.2.4　串口

1. 串口介绍

STM32F407 最多可以提供 6 路串口，有分数波特率发生器，支持同步单线通信、半双工单线通信、LIN、调制解调器操作、智能卡协议和 IrDA SIR ENDEC 规范，具有 DMA。可配置为串口的引脚是有限制的，所以在设计硬件电路时需要注意哪些引脚可以配置为串口引脚。

2. 实验过程

串口实验通过串口模块连接电脑，使用串口调试助手来进行通信。这里使用 UART1 进行通信，串口引脚如图 2.2-17 和图 2.2-18 所示。

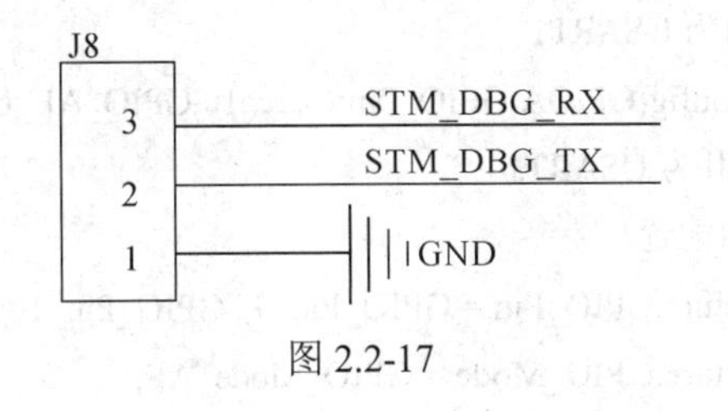

图 2.2-17

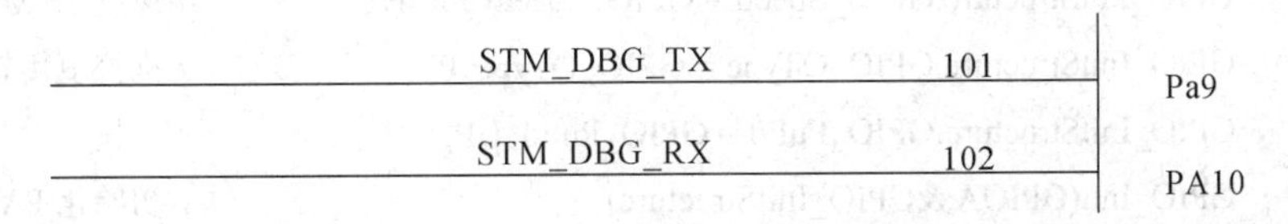

图 2.2-18

两个串口引脚分别与 PA9、PA10 引脚相连，对 PA9 与 PA10 引脚以及串口模块进行配置，代码如清单 2.2-5 所示。

```
-----------------------------------------------代码清单 2.2-5-----------------------------------------------
unsigned char uart_rx_buf[100];
unsigned int uart_rx_cnt = 0;
void Delay(uint32_t delay_num)
{
    uint32_t i;
    while(delay_num--)
    {
      for(i=0;i<3000;i++)
        {
            __nop();
        }
    }
}
void uart1_init(u32 bound)
{
    //GPIO 端口设置
    GPIO_InitTypeDef GPIO_InitStructure;
    USART_InitTypeDef USART_InitStructure;
    NVIC_InitTypeDef NVIC_InitStructure;
    RCC_AHB1PeriphClockCmd(RCC_AHB1Periph_GPIOA,ENABLE);
    //使能 GPIOA 时钟
    RCC_APB2PeriphClockCmd(RCC_APB2Periph_USART1,ENABLE);
    //使能 USART1 时钟
    //串口 1 对应引脚复用映射
    GPIO_PinAFConfig(GPIOA,GPIO_PinSource9,GPIO_AF_USART1);
    //GPIOA9 复用为 USART1
    GPIO_PinAFConfig(GPIOA,GPIO_PinSource10,GPIO_AF_USART1);
    //GPIOA10 复用 为 USART1
    //USART1 端口配置
    GPIO_InitStructure.GPIO_Pin = GPIO_Pin_9 | GPIO_Pin_10;          //GPIOA9 与 GPIOA10
    GPIO_InitStructure.GPIO_Mode = GPIO_Mode_AF;                     //复用功能
    GPIO_InitStructure.GPIO_Speed = GPIO_Speed_50MHz;                //速度 50 MHz
    GPIO_InitStructure.GPIO_OType = GPIO_OType_PP;                   //推挽复用输出
    GPIO_InitStructure.GPIO_PuPd = GPIO_PuPd_UP;                     //上拉
    GPIO_Init(GPIOA,&GPIO_InitStructure);                            //初始化 PA9，PA10
   //USART1 初始化设置
```

```
        USART_InitStructure.USART_BaudRate = bound;                  //波特率设置
        USART_InitStructure.USART_WordLength = USART_WordLength_8b;
        //字长为 8 位数据格式
        USART_InitStructure.USART_StopBits = USART_StopBits_1;       //一个停止位
        USART_InitStructure.USART_Parity = USART_Parity_No;          //无奇偶校验位
        USART_InitStructure.USART_HardwareFlowControl =
        USART_HardwareFlowControl_None;  //无硬件数据流控制
        USART_InitStructure.USART_Mode = USART_Mode_Rx | USART_Mode_Tx;
        //收发模式
        USART_Init(USART1, &USART_InitStructure);        //初始化串口 1
        USART_Cmd(USART1, ENABLE);                       //使能串口 1
        USART_ClearFlag(USART1, USART_FLAG_TC);
        USART_ITConfig(USART1, USART_IT_RXNE, ENABLE);   //开启相关中断
        //Usart1 NVIC  配置
        NVIC_InitStructure.NVIC_IRQChannel = USART1_IRQn;              //串口 1 中断通道
        NVIC_InitStructure.NVIC_IRQChannelPreemptionPriority=3;        //抢占优先级 3
        NVIC_InitStructure.NVIC_IRQChannelSubPriority =3;              //子优先级 3
        NVIC_InitStructure.NVIC_IRQChannelCmd = ENABLE;                //IRQ 通道使能
        NVIC_Init(&NVIC_InitStructure);    //根据指定的参数初始化 VIC 寄存器
}
void Print_String(USART_TypeDef* USARTx,u8 *str)
{
        while(*str != 0)
        {
              USART_SendData(USARTx, *str);
              while(USART_GetFlagStatus(USART1,USART_FLAG_TC)!=SET);
              str++;
        }
}
unsigned char SAMCfg[] = {0x55, 0x55, 0x00, 0x00, 0x00, 0x00, 0x00, 0x00, 0x00,\
                          0x00, 0x00, 0x00, 0x00, 0x00, 0x00, 0x00,0x00, 0x00,\
                          0xFF, 0x03, 0xFD, 0xD4, 0x14, 0x01, 0x17, 0x00};
u16 cnt1;
int main(void)
{
        GPIO_InitTypeDef    GPIO_InitStructure;

        NVIC_PriorityGroupConfig(NVIC_PriorityGroup_2);
```

```
    RCC_AHB1PeriphClockCmd(RCC_AHB1Periph_GPIOC, ENABLE);

    GPIO_InitStructure.GPIO_Pin = GPIO_Pin_1|GPIO_Pin_4;
    GPIO_InitStructure.GPIO_Mode = GPIO_Mode_OUT;
    GPIO_InitStructure.GPIO_OType = GPIO_OType_PP;
    GPIO_InitStructure.GPIO_Speed = GPIO_Speed_100MHz;
    GPIO_InitStructure.GPIO_PuPd = GPIO_PuPd_UP;
    GPIO_Init(GPIOC, &GPIO_InitStructure);
    uart1_init(115200);
    for(cnt1 = 0; cnt1< 26; cnt1++)
    {
        USART_SendData(USART1, SAMCfg[cnt1]);
        while(USART_GetFlagStatus(USART1,USART_FLAG_TC)!=SET);
    }
    Print_String(USART1,"\n\rWolverine-Team Mobile DBoard Uart Test!\n\r");
    Print_String(USART1,"\n\r 串口实验例程!\n\r");
    while(1)
    {
        GPIO_ToggleBits(GPIOC,GPIO_Pin_1);
    }
}
void USART1_IRQHandler(void)                    //串口 1 中断服务程序
{
    u8 Res;
    u16 i;
    if(USART_GetITStatus(USART1, USART_IT_RXNE) != RESET)
    //接收中断(接收到的数据必须以 0x0D 0x0A 结尾)
    {
        Res =USART_ReceiveData(USART1);//(USART1->DR);      //读取接收到的数据
        uart_rx_buf[uart_rx_cnt++]=Res ;
        GPIO_ToggleBits(GPIOC, GPIO_Pin_4);
        if(uart_rx_buf[uart_rx_cnt-2] == 0x0d)
        {
            Print_String(USART1,"\n\rThe Data is:\n\r");
             for(i=0;i<uart_rx_cnt;i++)
            {
                USART_SendData(USART1, uart_rx_buf[i]);
                while(USART_GetFlagStatus(USART1,USART_FLAG_TC)!=SET);
            }
```

```
                uart_rx_cnt = 0;
            }
        }
    }
```

---

3. 实验现象

如图 2.2-19 和图 2.2-20 所示，找到资料包里的工程文件，打开代码后先点击编译按钮，编译完成没有错误，则可直接点击下载按钮下载代码。如果需要调试，单步运行代码，就点击 Debug 按钮。下载完成后就会看到串口调试助手打印出的相关信息，通过串口调试助手发送的数据都会返回，如图 2.2-21 所示,。

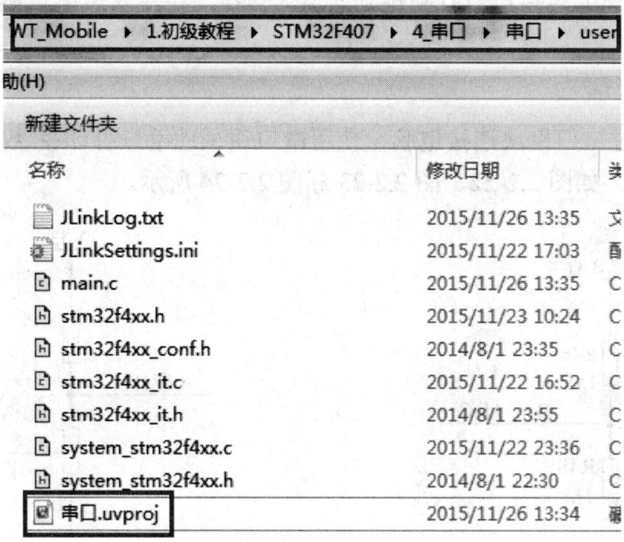

WT_Mobile ▸ 1.初级教程 ▸ STM32F407 ▸ 4_串口 ▸ 串口 ▸ user

助(H)

新建文件夹

名称	修改日期	类
JLinkLog.txt	2015/11/26 13:35	文
JLinkSettings.ini	2015/11/22 17:03	配
main.c	2015/11/26 13:35	C
stm32f4xx.h	2015/11/23 10:24	C
stm32f4xx_conf.h	2014/8/1 23:35	C
stm32f4xx_it.c	2015/11/22 16:52	C
stm32f4xx_it.h	2014/8/1 23:55	C
system_stm32f4xx.c	2015/11/22 23:36	C
system_stm32f4xx.h	2014/8/1 22:30	C
串口.uvproj	2015/11/26 13:34	礦

图 2.2-19

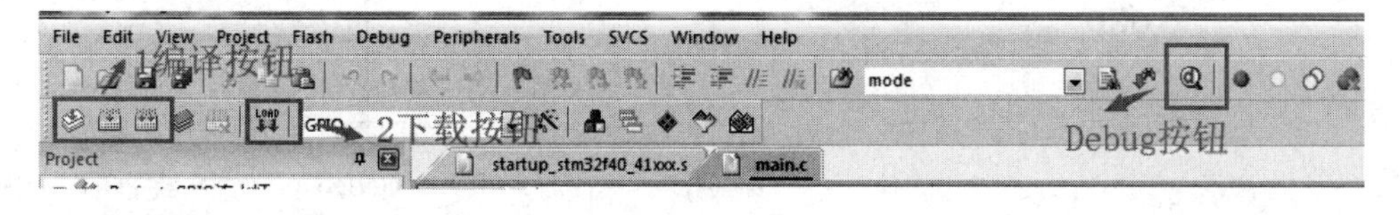

图 2.2-20

Wolverine-Team Mobile DBoard Uart Test!

串口实验例程!

The Data is:

串口实验例程!

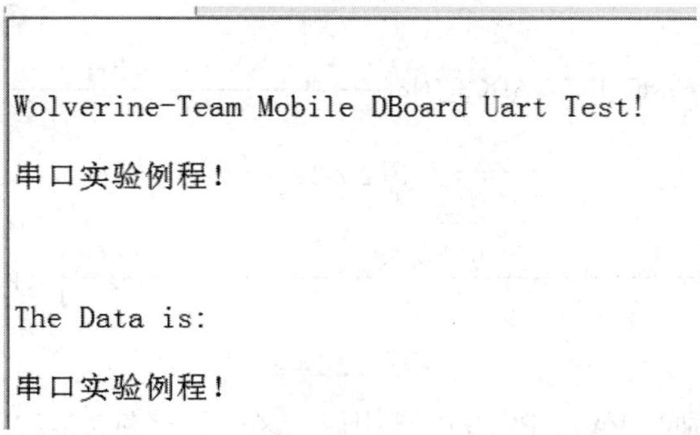

图 2.2-21

2.2.5 ADC

1. ADC 介绍

STM32F407 有 3 个 ADC，这些 ADC 可以独立使用，也可以使用双重/三重模式(提高采样率)。ADC 是 12 位逐次逼近型的模拟数字转换器，有 19 个通道，可测量 16 个外部源、2 个内部源和 Vbat 通道的信号。这些通道的模/数转换可以进行单次、连续、扫描或间断模式转换。模/数转换的结果可以左对齐或右对齐方式存储在 16 位数据寄存器中。模拟看门狗特性允许应用程序检测输入电压是否超出用户定义的高/低阈值。模/数转换的最大转换速率为 2.4 MHz，也就是转换时间为 0.41 μs。模/数转换有两个通道组：规则通道组和注入通道组。注入通道的转换可以打断规则通道的转换，在注入通道转换完成之后，规则通道才可以继续执行。

2. 实验过程

ADC 实验通过串口模块连接电脑，使用串口调试助手来打印模/数转换结果。这里使用 ADC3 的通道 8，如图 2.2-22、图 2.2-23 和图 2.2-24 所示。

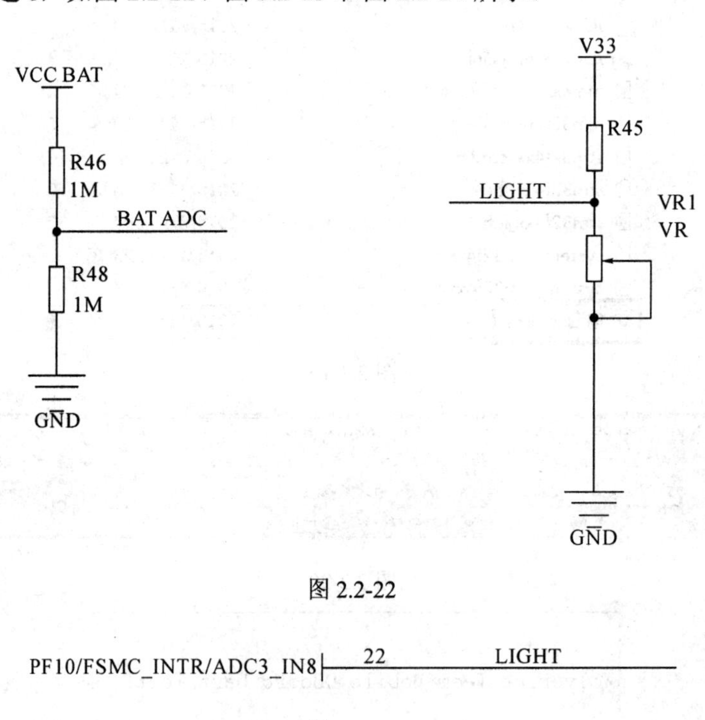

图 2.2-22

图 2.2-23

BAT ADC　43　PA7

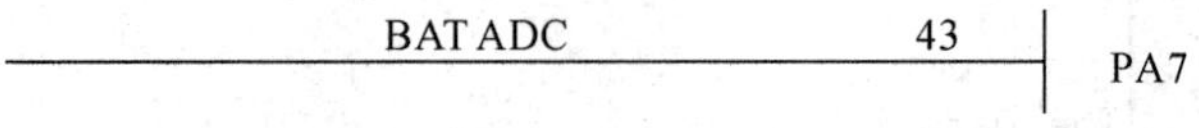

图 2.2-24

两个模/数转换分别与 PA7、PF10 引脚相连。这里只对图 2.2-22 右侧的 LIGHT 进行试验，对 PF10 引脚以及模/数转换模块进行配置，实验代码如清单 2.2-6 所示。

--代码清单 2.2-6--

```
void Delay(uint32_t delay_num)
{
    uint32_t i;
    while(delay_num--){
      for(i=0;i<3000;i++)
        {
          __nop();
        }
    }
}

void uart1_init(u32 bound){
   //GPIO 端口设置
    GPIO_InitTypeDef GPIO_InitStructure;
    USART_InitTypeDef USART_InitStructure;

    RCC_AHB1PeriphClockCmd(RCC_AHB1Periph_GPIOA,ENABLE);      //使能 GPIOA 时钟
    RCC_APB2PeriphClockCmd(RCC_APB2Periph_USART1,ENABLE);     //使能 USART1 时钟

    //串口 1 对应引脚复用映射
    GPIO_PinAFConfig(GPIOA,GPIO_PinSource9,GPIO_AF_USART1);
    //GPIOA9 复用为 USART1
    GPIO_PinAFConfig(GPIOA,GPIO_PinSource10,GPIO_AF_USART1);
    //GPIOA10 复用为 USART1

    //USART1 端口配置
    GPIO_InitStructure.GPIO_Pin = GPIO_Pin_9 | GPIO_Pin_10;      //GPIOA9 与 GPIOA10
    GPIO_InitStructure.GPIO_Mode = GPIO_Mode_AF;                 //复用功能
    GPIO_InitStructure.GPIO_Speed = GPIO_Speed_50MHz;            //速度 50 MHz
    GPIO_InitStructure.GPIO_OType = GPIO_OType_PP;               //推挽复用输出
    GPIO_InitStructure.GPIO_PuPd = GPIO_PuPd_UP;                 //上拉
    GPIO_Init(GPIOA,&GPIO_InitStructure);                        //初始化 PA9，PA10

    //USART1 初始化设置
    USART_InitStructure.USART_BaudRate = bound;                  //波特率设置
    USART_InitStructure.USART_WordLength = USART_WordLength_8b;
    //字长为 8 位数据格式
    USART_InitStructure.USART_StopBits = USART_StopBits_1;       //一个停止位
```

```
    USART_InitStructure.USART_Parity = USART_Parity_No;              //无奇偶校验位
    USART_InitStructure.USART_HardwareFlowControl =
    USART_HardwareFlowControl_None;                          //无硬件数据流控制
    USART_InitStructure.USART_Mode = USART_Mode_Rx | USART_Mode_Tx;   //收发模式
    USART_Init(USART1, &USART_InitStructure);                //初始化串口 1
    USART_Cmd(USART1, ENABLE);                               //使能串口 1
    USART_ClearFlag(USART1, USART_FLAG_TC);
}
void Print_String(USART_TypeDef* USARTx,u8 *str)
{
    while(*str != 0)
    {
        USART_SendData(USARTx, *str);
        while(USART_GetFlagStatus(USART1,USART_FLAG_TC)!=SET);
        str++;
    }
}
void  My_ADC_Init(void)
{
    GPIO_InitTypeDef   GPIO_InitStructure;
    ADC_CommonInitTypeDef          ADC_CommonInitStructure;
    ADC_InitTypeDef          ADC_InitStructure;

    RCC_AHB1PeriphClockCmd(RCC_AHB1Periph_GPIOF|RCC_AHB1Periph_GPIOG,
    ENABLE);       //使能 GPIOA 时钟
    RCC_APB2PeriphClockCmd(RCC_APB2Periph_ADC3, ENABLE);        //使能 ADC1 时钟

    //先初始化 ADC3 通道 8 I/O 口
    GPIO_InitStructure.GPIO_Pin = GPIO_Pin_10;                   //PF10  通道 8
    GPIO_InitStructure.GPIO_Mode = GPIO_Mode_AN;                 //模拟输入
    GPIO_InitStructure.GPIO_PuPd = GPIO_PuPd_NOPULL ;            //不带上下拉
    GPIO_Init(GPIOF, &GPIO_InitStructure);                       //初始化

    //先初始化 ADC12 通道 5 I/O 口
    GPIO_InitStructure.GPIO_Pin = GPIO_Pin_8;                    //PA5  通道 5
    GPIO_InitStructure.GPIO_Mode = GPIO_Mode_IN;                 //模拟输入
    GPIO_InitStructure.GPIO_PuPd = GPIO_PuPd_NOPULL ;            //不带上下拉
    GPIO_Init(GPIOG, &GPIO_InitStructure);                       //初始化
```

```
    RCC_APB2PeriphResetCmd(RCC_APB2Periph_ADC3,ENABLE);      //ADC3 复位
    RCC_APB2PeriphResetCmd(RCC_APB2Periph_ADC3,DISABLE);     //复位结束

    ADC_CommonInitStructure.ADC_Mode = ADC_Mode_Independent;    //独立模式
    ADC_CommonInitStructure.ADC_TwoSamplingDelay =
    ADC_TwoSamplingDelay_5Cycles;    //两个采样阶段之间延迟 5 个时钟
    ADC_CommonInitStructure.ADC_DMAAccessMode =
    ADC_DMAAccessMode_Disabled;  //DMA 失能
    ADC_CommonInitStructure.ADC_Prescaler = ADC_Prescaler_Div4;    //预分频 4 分频
    //ADCCLK=PCLK2/4=84/4=21MHz,ADC 时钟最好不要超过 36 MHz
    ADC_CommonInit(&ADC_CommonInitStructure);    //初始化

    ADC_InitStructure.ADC_Resolution = ADC_Resolution_12b;      //12 位模式
    ADC_InitStructure.ADC_ScanConvMode = DISABLE;               //非扫描模式
    ADC_InitStructure.ADC_ContinuousConvMode = DISABLE;         //关闭连续转换
    ADC_InitStructure.ADC_ExternalTrigConvEdge =
    ADC_ExternalTrigConvEdge_None;    //禁止触发检测，使用软件触发
    ADC_InitStructure.ADC_DataAlign = ADC_DataAlign_Right;      //右对齐
    ADC_InitStructure.ADC_NbrOfConversion = 1;
    //只转换规则序列 1
    ADC_Init(ADC3, &ADC_InitStructure);     //ADC 初始化
    ADC_Cmd(ADC3, ENABLE);                  //开启 AD 转换器
}
//获得 ADC 值
//ch: @ref ADC_channels
//通道值 0~16 取值范围为：ADC_Channel_0~ADC_Channel_16
//返回值:转换结果
u16 Get_ADC_Value(u8 ch)
{   //设置指定 ADC 的规则组通道，一个序列，采样时间
    ADC_RegularChannelConfig(ADC3, ch, 1, ADC_SampleTime_480Cycles );
    //ADC3,ADC 通道,480 个周期,提高采样时间可以提高精确度
    ADC_SoftwareStartConv(ADC3);      //使能指定的 ADC3 的软件转换启动功能
    while(!ADC_GetFlagStatus(ADC3, ADC_FLAG_EOC ));      //等待转换结束
    return ADC_GetConversionValue(ADC3);    //返回最近一次 ADC3 规则组的转换结果
}
int main(void)
{
    u16 adc_value = 0;
    u8  print_buf[4] = {0};
    GPIO_InitTypeDef   GPIO_InitStructure;
```

```
    RCC_AHB1PeriphClockCmd(RCC_AHB1Periph_GPIOC, ENABLE);

    GPIO_InitStructure.GPIO_Pin = GPIO_Pin_1|GPIO_Pin_4;
    GPIO_InitStructure.GPIO_Mode = GPIO_Mode_OUT;
    GPIO_InitStructure.GPIO_OType = GPIO_OType_PP;
    GPIO_InitStructure.GPIO_Speed = GPIO_Speed_100MHz;
    GPIO_InitStructure.GPIO_PuPd = GPIO_PuPd_UP;
    GPIO_Init(GPIOC, &GPIO_InitStructure);
    uart1_init(115200);
    My_ADC_Init();
    Print_String(USART1,"\n\rWolverine-Team Mobile Dboard ADC Test!");
    while(1)
    {
        GPIO_ToggleBits(GPIOC,GPIO_Pin_1);
        Delay(6000);
        adc_value = 0xfff&Get_ADC_Value(ADC_Channel_8);
        print_buf[0] = adc_value/1000+0x30;
        print_buf[1] = adc_value%1000/100+0x30;
        print_buf[2] = adc_value%100/10+0x30;
        print_buf[3] = adc_value%10+0x30;
        Print_String(USART1,print_buf);
        Print_String(USART1,"\n\r");
    }
}
--------------------------------------------------------------------------------------------
```

3. 实验现象

如图 2.2-25 和图 2.2-26 所示，找到资料包里的工程文件，打开代码后先点击编译按钮，编译完成没有错误，则可直接点击下载按钮下载代码。如果需要调试，单步运行代码，就点击 Debug 按钮。下载完成后就会看到串口调试助手打印出相应的 ADC 采集信息，如图 2.2-27 所示。

图 2.2-25

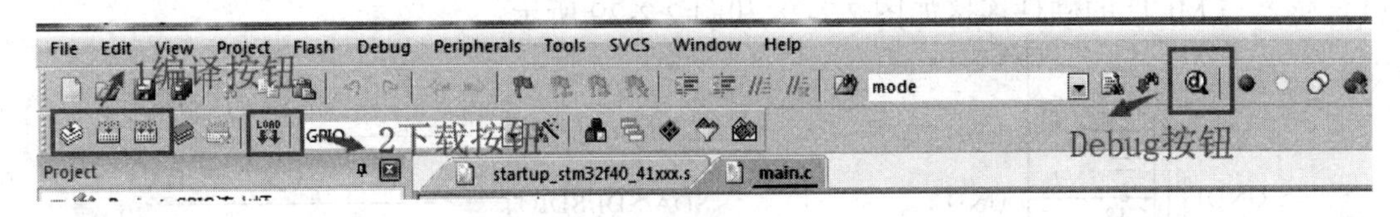

图 2.2-26

```
Wolverine-Team Mobile Dboard ADC Test!

3472

3536

3104

3152

3888

3232

3248
```

图 2.2-27

2.2.6　I²C

1. I²C 介绍

Inter-Integrated Circuit 即内部集成电路接口，缩写为 IIC 或 I²C。I²C 总线是一种由 PHILIPS 公司开发的两线式串行总线，用于连接微控制器及其外围设备。它是由数据线 SDA 和时钟线 SCL 构成的串行总线，可发送和接收数据，在 CPU 与被控 IC 之间、IC 与 IC 之间进行双向传送。高速 I²C 总线一般可达 400 kb/s 以上。在传送数据过程中有三类信号，分别为：

(1) 开始信号：SCL 为高电平时，SDA 由高电平向低电平跳变。

(2) 结束信号：SCL 为高电平时，SDA 由低电平向高电平跳变。

(3) 应答信号：接收数据的 IC 在接收到 8bit 数据后，向发送数据的 IC 发出特定的低电平脉冲，表示已经收到数据。

以上三种信号，开始信号是必须有的，其他两个可以不要。

2. I²C 软件介绍

大部分 MCU 带有 I²C 总线接口，但是 STM32F407 的 I²C 硬件模块设计得比较复杂，不易使用。这里使用软件模拟，这样也有一个好处就是可移植，只要有普通 GPIO 口就可以使用。

3. 实验过程

I²C 实验通过串口模块连接电脑，通过 I²C 接口读取加速度传感器的加速度值，然后由串口传送到电脑上，使用串口调试助手来显示加速度值。这里使用 I²C1 进行通信，加速度传感器与 MCU 的硬件连接如图 2.2-28 和图 2.2-29 所示。

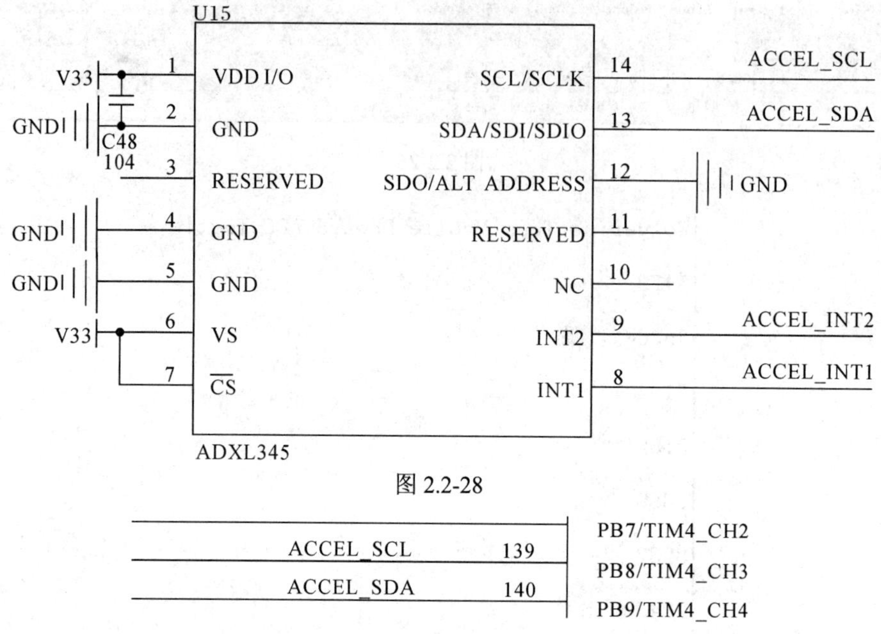

图 2.2-28

图 2.2-29

I^2C 的时钟线和数据线分别与 PB8、PB9 引脚相连，对 PB8 和 PB9 引脚进行配置，实验配置函数代码和主函数代码如清单 2.2-7 所示。

```
-----------------------------------------------代码清单 2.2-7-----------------------------------------------
void uart1_init(u32 bound)
{
    //GPIO 端口设置
    GPIO_InitTypeDef GPIO_InitStructure;
    USART_InitTypeDef USART_InitStructure;
    RCC_AHB1PeriphClockCmd(RCC_AHB1Periph_GPIOA,ENABLE);
    //使能 GPIOA 时钟
    RCC_APB2PeriphClockCmd(RCC_APB2Periph_USART1,ENABLE);
    //使能 USART1 时钟
    //串口 1 对应引脚复用映射
    GPIO_PinAFConfig(GPIOA,GPIO_PinSource9,GPIO_AF_USART1);
    //GPIOA9 复用为 USART1
    GPIO_PinAFConfig(GPIOA,GPIO_PinSource10,GPIO_AF_USART1);
    //GPIOA10 复用为 USART1
    //USART1 端口配置
    GPIO_InitStructure.GPIO_Pin = GPIO_Pin_9 | GPIO_Pin_10;          //GPIOA9 与 GPIOA10
    GPIO_InitStructure.GPIO_Mode = GPIO_Mode_AF;                     //复用功能
    GPIO_InitStructure.GPIO_Speed = GPIO_Speed_50MHz;                //速度 50 MHz
    GPIO_InitStructure.GPIO_OType = GPIO_OType_PP;                   //推挽复用输出
```

```
    GPIO_InitStructure.GPIO_PuPd = GPIO_PuPd_UP;              //上拉
    GPIO_Init(GPIOA,&GPIO_InitStructure);                     //初始化 PA9，PA10

    //USART1 初始化设置
    USART_InitStructure.USART_BaudRate = bound;               //波特率设置
    USART_InitStructure.USART_WordLength = USART_WordLength_8b;
    //字长为 8 位数据格式
    USART_InitStructure.USART_StopBits = USART_StopBits_1;        //一个停止位
    USART_InitStructure.USART_Parity = USART_Parity_No;           //无奇偶校验位
    USART_InitStructure.USART_HardwareFlowControl =
    USART_HardwareFlowControl_None;          //无硬件数据流控制
    USART_InitStructure.USART_Mode = USART_Mode_Rx | USART_Mode_Tx;
    //收发模式
    USART_Init(USART1, &USART_InitStructure);          //初始化串口 1
    USART_Cmd(USART1, ENABLE);     //使能串口 1
    USART_ClearFlag(USART1, USART_FLAG_TC);
}
void Print_String(USART_TypeDef* USARTx,u8 *str)
{
    while(*str != 0)
    {
        USART_SendData(USARTx, *str);
        while(USART_GetFlagStatus(USART1,USART_FLAG_TC)!=SET);
        str++;
    }
}
int main(void)
{
    u8 *Str_Point,device_id,Print_Buf[6];
    short Accel_data[3],data_buf;
    u16 i;
    GPIO_InitTypeDef   GPIO_InitStructure;
    Str_Point = (u8*)&Print_Buf[0];
    RCC_AHB1PeriphClockCmd(RCC_AHB1Periph_GPIOC, ENABLE);
    GPIO_InitStructure.GPIO_Pin = GPIO_Pin_1;
    GPIO_InitStructure.GPIO_Mode = GPIO_Mode_OUT;
    GPIO_InitStructure.GPIO_OType = GPIO_OType_PP;
    GPIO_InitStructure.GPIO_Speed = GPIO_Speed_100MHz;
    GPIO_InitStructure.GPIO_PuPd = GPIO_PuPd_UP;
```

```
GPIO_Init(GPIOC, &GPIO_InitStructure);
delay_init(168);
uart1_init(115200);
I2C_GPIO_Init();
Accel_Init();
while(1)
{
    Print_String(USART1,"\n\rThe Device ID is: 0x");
    device_id = Accel_Read(0);
    Print_Buf[0] = ((device_id>>4)&0x0f);
    if(Print_Buf[0] > 9)
        Print_Buf[0] += 55;
    else
        Print_Buf[0] += 48;
    Print_Buf[1] = (device_id&0x0f);
    if(Print_Buf[1] > 9)
        Print_Buf[1] += 55;
    else
        Print_Buf[1] += 48;
    USART_SendData(USART1, Print_Buf[0]);
    while(USART_GetFlagStatus(USART1,USART_FLAG_TC)!=SET);
    USART_SendData(USART1, Print_Buf[1]);
    while(USART_GetFlagStatus(USART1,USART_FLAG_TC)!=SET);
    Print_String(USART1,"\n\rReading the accel data...\n\r");
    Accel_ReadN(ADXL345, 0X32, 6, Print_Buf);
    for(i=0;i<3;i++)
    {
      Accel_data[i] = Print_Buf[i<<1] + (Print_Buf[(i<<1)+1]<<8);
    }
    for(i=0;i<3;i++)
    {
      if(Accel_data[i] < 0)
        {
            Accel_data[i] = -Accel_data[i];
            Print_Buf[0] = '-';
        }
        else
        {
            Print_Buf[0] = '+';
```

```
                }
                data_buf = Accel_data[i]*39/100;
                Print_Buf[1] = data_buf/100 + 0x30;
                Print_Buf[2] = '.';
                Print_Buf[3] = data_buf%100/10 + 0x30;
                Print_Buf[4] = data_buf%10 + 0x30;
                Print_Buf[5] = 'g';
                Print_String(USART1,Print_Buf);
                Print_String(USART1,"\n\r");
            }
            GPIO_SetBits(GPIOC,GPIO_Pin_1);
            delay_ms(60);
            GPIO_ResetBits(GPIOC,GPIO_Pin_1);
            delay_ms(60);
        }
    }
```

此外，模拟 I²C 驱动代码如清单 2.2-8 所示。

--代码清单 2.2-8--

```
//初始化 I2C
void I2C_GPIO_Init(void)
{
  GPIO_InitTypeDef   GPIO_InitStructure;
  RCC_AHB1PeriphClockCmd(RCC_AHB1Periph_GPIOB, ENABLE);        //使能 GPIOB 时钟
  //GPIOB8,B9 初始化设置
  GPIO_InitStructure.GPIO_Pin = GPIO_Pin_8 | GPIO_Pin_9;
  GPIO_InitStructure.GPIO_Mode = GPIO_Mode_OUT;              //普通输出模式
  GPIO_InitStructure.GPIO_OType = GPIO_OType_PP;             //推挽输出
  GPIO_InitStructure.GPIO_Speed = GPIO_Speed_100MHz;         //100 MHz
  GPIO_InitStructure.GPIO_PuPd = GPIO_PuPd_UP;               //上拉
  GPIO_Init(GPIOB, &GPIO_InitStructure);                     //初始化
  I2C_SCL=1;
  I2C_SDA_OUT=1;
}
//产生 I2C 起始信号
void I2C_Start(void)
{
     SDA_OUT();          //SDA 线输出
     I2C_SDA_OUT=1;
```

```
    I2C_SCL=1;
    delay_us(4);
    I2C_SDA_OUT=0;    //当 CLK 为高，DATA 从高变低时为开始信号
    delay_us(4);
    I2C_SCL=0;    //钳住 I2C 总线，准备发送或接收数据
}
//产生 I2C 停止信号
void I2C_Stop(void)
{
    SDA_OUT();    //sda 线输出
    I2C_SCL=0;
    I2C_SDA_OUT=0;    //当 CLK 为高，DATA 从低变高时为结束信号
    delay_us(4);
    I2C_SCL=1;
    I2C_SDA_OUT=1;    //发送 I2C 总线结束信号
    delay_us(4);
}
//等待应答信号到来
//返回值：1，接收应答失败；0，接收应答成功
u8 I2C_Wait_Ack(void)
{
    u8 ucErrTime=0;
    SDA_IN();        //SDA 设置为输入
    I2C_SDA_OUT=1;delay_us(1);
    I2C_SCL=1;delay_us(1);
    while(I2C_SDA_IN)
    {
        ucErrTime++;
        if(ucErrTime>250)
        {
            I2C_Stop();
            return 1;
        }
    }
    I2C_SCL=0;            //时钟输出 0
    return 0;
}
//产生 ACK 应答
void I2C_Ack(void)
```

```
{
    I2C_SCL=0;
    SDA_OUT();
    I2C_SDA_OUT=0;
    delay_us(2);
    I2C_SCL=1;
    delay_us(2);
    I2C_SCL=0;
}
//不产生 ACK 应答
void I2C_NAck(void)
{
    I2C_SCL=0;
    SDA_OUT();
    I2C_SDA_OUT=1;
    delay_us(2);
    I2C_SCL=1;
    delay_us(2);
    I2C_SCL=0;
}
//I²C 发送一个字节
//返回从机有无应答
//1，有应答
//0，无应答
void I2C_Send_Byte(u8 data)
{
    u8 t;
    SDA_OUT();
    I2C_SCL=0;              //拉低时钟开始数据传输
    for(t=0;t<8;t++)
    {
        I2C_SDA_OUT=(data&0x80)>>7;
        data<<=1;
        delay_us(2);    //对 TEA5767 这三个延时都是必需的
        I2C_SCL=1;
        delay_us(2);
        I2C_SCL=0;
        delay_us(2);
    }
```

```
}
//读 1 个字节，ack=1 时，发送 ACK，ack=0，发送 nACK
u8 I2C_Read_Byte(unsigned char ack)
{
      unsigned char i,receive=0;
      SDA_IN();               //SDA 设置为输入
     for(i=0;i<8;i++ )
      {
          I2C_SCL=0;
          delay_us(2);
          I2C_SCL=1;
          receive<<=1;
          if(I2C_SDA_IN)receive++;
          delay_us(1);
     }
     if (!ack)
          I2C_NAck();        //发送 nACK
     else
          I2C_Ack();         //发送 ACK
     return receive;
}
u8 Accel_Read(u8 addr)
{
   u8 data;
     I2C_Start();
     I2C_Send_Byte((ADXL345<<1)|0);      //发送器件地址+写命令
     I2C_Wait_Ack();        //等待应答
     I2C_Send_Byte(addr); //写寄存器地址
     I2C_Wait_Ack();        //等待应答
     I2C_Start();
     I2C_Send_Byte((ADXL345<<1)|1);      //发送器件地址+读命令
     I2C_Wait_Ack();             //等待应答
     data=I2C_Read_Byte(0);      //读取数据,发送 nACK
     I2C_Stop();                 //产生一个停止条件
     return data;
}
u8 Accel_Write(u8 addr,u8 data)
{
     I2C_Start();
```

```
		I2C_Send_Byte((ADXL345<<1)|0);		//发送器件地址+写命令
		if(I2C_Wait_Ack())		//等待应答
		{
			I2C_Stop();
			return 1;
		}
		I2C_Send_Byte(addr);		//写寄存器地址
		I2C_Wait_Ack();		//等待应答
		I2C_Send_Byte(data);		//发送数据
		if(I2C_Wait_Ack())		//等待 ACK
		{
			I2C_Stop();
			return 1;
		}
		I2C_Stop();
		return 0;
}
u8 Accel_WriteN(u8 addr, u8 reg, u8 len, u8 *buf)
{
		u8 i;
		I2C_Start();
		I2C_Send_Byte((addr<<1)|0);		//发送器件地址+写命令
		if(I2C_Wait_Ack())		//等待应答
		{
			I2C_Stop();
			return 1;
		}
		I2C_Send_Byte(reg);	//写寄存器地址
		I2C_Wait_Ack();		//等待应答
		for(i=0; i<len; i++)
		{
			I2C_Send_Byte(buf[i]);		//发送数据
			if(I2C_Wait_Ack())		//等待 ACK
			{
				I2C_Stop();
				return 1;
			}
		}
```

```
        I2C_Stop();
        return 0;
    }
    void Accel_Init(void)
    {
        u8 tmp[6],tmp_data[3],i;
        short tmp_accel[3];
        Accel_Write(0x31,0x0b);
        Accel_Write(0x2c,0x0a);
        Accel_Write(0x2e,0x00);
        Accel_Write(0x1d,0x0f);
        Accel_Write(0x21,0xff);
        Accel_Write(0x2f,0x00);
        Accel_Write(0x2a,0x07);
        Accel_Write(0x2e,0x40);
        Accel_Write(0x2d,0x08);
        Accel_Write(0x1e,0x00);
        Accel_Write(0x1f,0x00);
        Accel_Write(0x20,0x05);
        delay_ms(5);
    }
    u8 Accel_ReadN(u8 addr,u8 reg,u8 len,u8 *buf)
    {
        I2C_Start();
        I2C_Send_Byte((addr<<1)|0);        //发送器件地址+写命令
        if(I2C_Wait_Ack())                 //等待应答
        {
            I2C_Stop();
            return 1;
        }
        I2C_Send_Byte(reg);                //写寄存器地址
        I2C_Wait_Ack();                    //等待应答
        I2C_Start();
        I2C_Send_Byte((addr<<1)|1);        //发送器件地址+读命令
        I2C_Wait_Ack();                    //等待应答
        while(len)
        {
            if(len==1)*buf=I2C_Read_Byte(0);       //读数据,发送 nACK
            else *buf=I2C_Read_Byte(1);            //读数据,发送 ACK
```

```
            len--;
            buf++;
        }
        I2C_Stop();              //产生一个停止条件
        return 0;
    }
```

---

4. 实验现象

如图 2.2-30 和图 2.2-31 所示，找到资料包里的工程文件，打开代码后先点击编译按钮，编译完成没有错误，则可直接点击下载按钮下载代码。如果需要调试，单步运行代码，就点击 Debug 按钮。下载完成后就会看到串口调试助手打印出的相关信息，如图 2.2-32 所示。

WT_Mobile ▸ 1.初级教程 ▸ STM32F407 ▸ 6_I2C ▸ I2C ▸ user

名称	修改日期	类型
delay.c	2015/12/8 13:54	C So
delay.h	2015/11/26 16:34	C/C+
gpio.h	2015/11/26 16:45	C/C+
I2C.c	2015/12/9 22:43	C So
I2C.h	2015/11/29 20:40	C/C+
I2C.uvproj	2015/11/29 9:45	礦isic
JLinkLog.txt	2015/12/9 22:43	文本
JLinkSettings.ini	2015/11/22 17:03	配置
main.c	2015/12/9 22:44	C So
stm32f4xx.h	2015/11/23 21:34	C/C+
stm32f4xx_conf.h	2014/8/1 23:35	C/C+
stm32f4xx_it.c	2015/11/22 16:52	C So
stm32f4xx_it.h	2014/8/1 23:55	C/C+
system_stm32f4xx.c	2015/11/23 21:34	C So
system_stm32f4xx.h	2014/8/1 22:30	C/C+

图 2.2-30

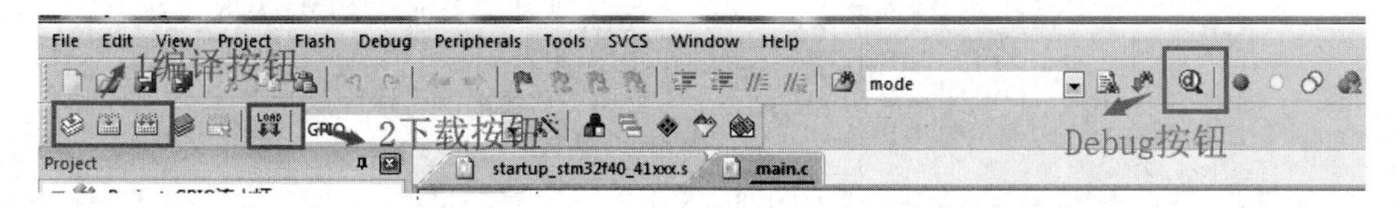

图 2.2-31

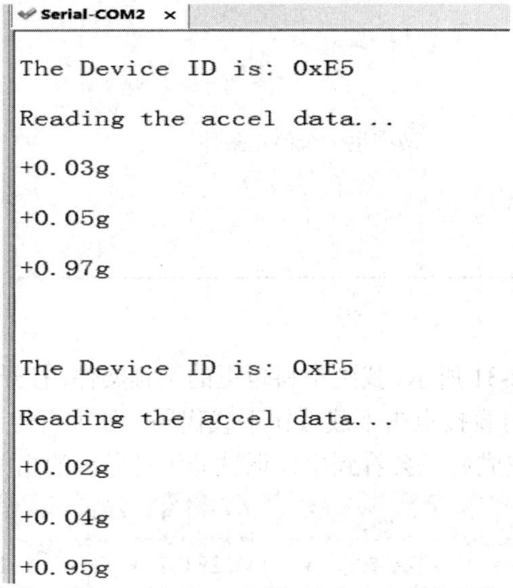

```
Serial-COM2 ×

The Device ID is: 0xE5
Reading the accel data...
+0.03g
+0.05g
+0.97g

The Device ID is: 0xE5
Reading the accel data...
+0.02g
+0.04g
+0.95g
```

图 2.2-32

2.2.7　SPI

1. SPI 介绍

SPI 是 Serial Peripheral Interface 的缩写，即串行外围设备接口，是一种高速的全双工同步通信总线，并且在芯片的引脚上只占用 4 根线，可节约芯片的引脚。SPI 的 4 条通信线为：MISO 为主入从出接口；MOSI 为主出从入接口；SCLK 为主设备产生的时钟信号；CS 为主设备控制的从设备片选信号。STM32F407 的 SPI 的时钟最高可达 37.5 MHz，支持 DMA。

2. 实验过程

SPI 实验通过串口模块连接电脑，通过 SPI 接口读写 Flash W25Q128FVSIG 中的信息，然后由串口传输给电脑，在串口调试助手上打印出相关信息。硬件连接电路图如图 2.2-33、图 2.2-34 和图 2.2-35 所示。

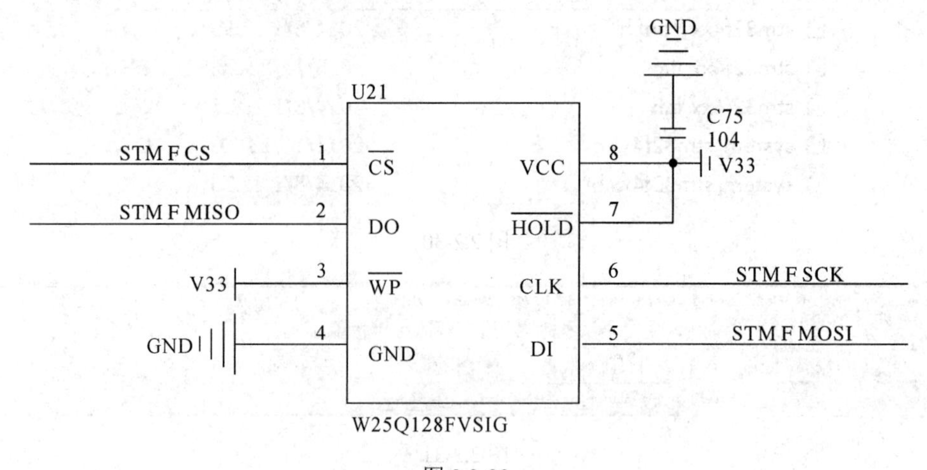

图 2.2-33

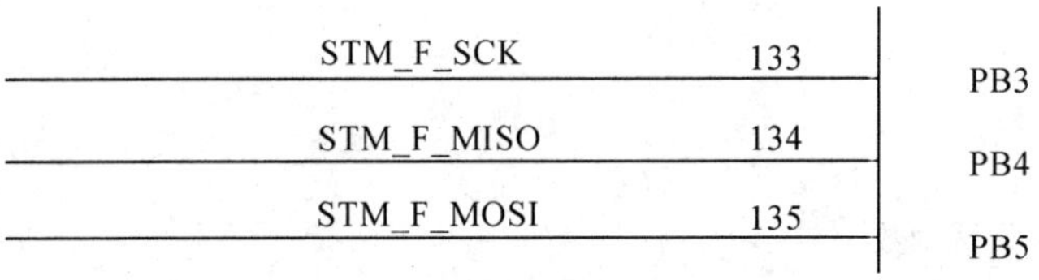

STM_F_SCK	133	PB3
STM_F_MISO	134	PB4
STM_F_MOSI	135	PB5

图 2.2-34

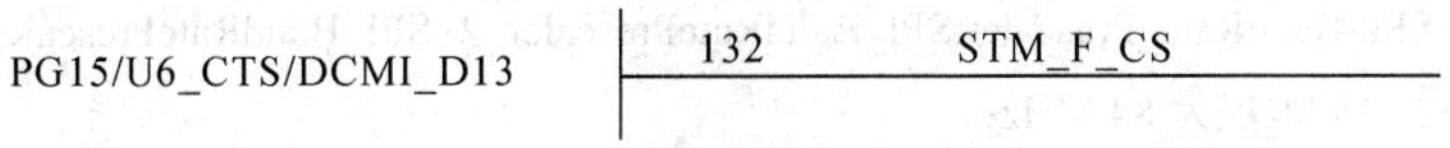

PG15/U6_CTS/DCMI_D13	132	STM_F_CS

图 2.2-35

Flash 分别与 PB3、PB4、PB5 以及 PG15 引脚相连，对 PB3、PB4、PB5、PG15 引脚以及 SPI 模块进行配置，实验代码如清单 2.2-9 所示。

---代码清单 2.2-9---

```
#define W25X_WriteEnable              0x06
#define W25X_WriteDisable             0x04
#define W25X_ReadStatusReg            0x05
#define W25X_WriteStatusReg           0x01
#define W25X_ReadData                 0x03
#define W25X_FastReadData             0x0B
#define W25X_FastReadDual             0x3B
#define W25X_PageProgram              0x02
#define W25X_BlockErase               0xD8
#define W25X_SectorErase              0x20
#define W25X_ChipErase                0xC7
#define W25X_PowerDown                0xB9
#define W25X_ReleasePowerDown         0xAB
#define W25X_DeviceID                 0xAB
#define W25X_ManufactDeviceID         0x90
#define W25X_JedecDeviceID            0x9F

#define SPI_FLASH_CS_L      GPIO_ResetBits(GPIOG,GPIO_Pin_15);
#define SPI_FLASH_CS_H      GPIO_SetBits(GPIOG,GPIO_Pin_15);

void Delay(uint32_t delay_num)
{
    uint32_t i;
    while(delay_num--)
    {
      for(i=0;i<3000;i++)
        {
          __nop();
```

```
        }
    }
}
//SPI1 速度设置函数
//SPI 速度=fAPB2/分频系数
//@ref SPI_BaudRate_Prescaler:SPI_BaudRatePrescaler_2~SPI_BaudRatePrescaler_256
//fAPB2 时钟一般为 84 MHz：
void SPI1_SetSpeed(u8 SPI_BaudRatePrescaler);
u8 SPI1_ReadWriteByte(u8 TxData);
u8 W25QXX_ReadSR(void);
void W25QXX_Write_SR(u8 sr);
void W25QXX_Write_Enable(void);
void W25QXX_Write_Disable(void);
u16 W25QXX_ReadID(void);
void W25QXX_Read(u8* pBuffer,u32 ReadAddr,u16 NumByteToRead);
void W25QXX_Write_Page(u8* pBuffer,u32 WriteAddr,u16 NumByteToWrite);
void W25QXX_Write_NoCheck(u8* pBuffer,u32 WriteAddr,u16 NumByteToWrite);
void W25QXX_Write(u8* pBuffer,u32 WriteAddr,u16 NumByteToWrite);
void W25QXX_Erase_Chip(void);
void W25QXX_Erase_Sector(u32 Dst_Addr);

void W25QXX_Wait_Busy(void);
void My_SPI_Init(void);
void uart1_init(u32 bound);
void Print_String(USART_TypeDef* USARTx,u8 *str);
//SPI1 速度设置函数
//SPI 速度=fAPB2/分频系数
//@ref SPI_BaudRate_Prescaler:SPI_BaudRatePrescaler_2~SPI_BaudRatePrescaler_256
//fAPB2 时钟一般为 84 MHz：
void SPI1_SetSpeed(u8 SPI_BaudRatePrescaler)
{
    assert_param(IS_SPI_BAUDRATE_PRESCALER(SPI_BaudRatePrescaler));     //判断有效性
    SPI1->CR1&=0XFFC7;             //位 3～5 清零，用来设置波特率
    SPI1->CR1|=SPI_BaudRatePrescaler;           //设置 SPI1 速度
    SPI_Cmd(SPI1,ENABLE);          //使能 SPI1
}
//SPI1 读写一个字节
//TxData:要写入的字节
//返回值:读取到的字节
```

```
u8 SPI1_ReadWriteByte(u8 TxData)
{

    while (SPI_I2S_GetFlagStatus(SPI1, SPI_I2S_FLAG_TXE) == RESET){}     //等待发送区空
    SPI_I2S_SendData(SPI1, TxData);            //通过外设 SPIx 发送一个字节数据
    while (SPI_I2S_GetFlagStatus(SPI1, SPI_I2S_FLAG_RXNE) == RESET){}
    //等待接收完一个字节
    return SPI_I2S_ReceiveData(SPI1);          //返回通过 SPIx 最近接收的数据
}
//读取 W25QXX 的状态寄存器
//BIT7  6   5   4   3   2   1   0
//SPR   RV  TB BP2 BP1 BP0 WEL BUSY
//SPR：默认 0，状态寄存器保护位，配合 WP 使用
//TB,BP2,BP1,BP0:FLASH 区域写保护设置
//WEL：写使能锁定
//BUSY：忙标记位(1,忙;0,空闲)
//默认：0x00
u8 W25QXX_ReadSR(void)
{
    u8 byte=0;
    SPI_FLASH_CS_L                                   //使能器件
    SPI1_ReadWriteByte(W25X_ReadStatusReg);          //发送读取状态寄存器命令
    byte=SPI1_ReadWriteByte(0Xff);                   //读取一个字节
    SPI_FLASH_CS_H                                   //取消片选
    return byte;
}
//写 W25QXX 状态寄存器
//只有 SPR,TB,BP2,BP1,BP0(bit 7,5,4,3,2)可以写!!!
void W25QXX_Write_SR(u8 sr)
{
    SPI_FLASH_CS_L                                   //使能器件
    SPI1_ReadWriteByte(W25X_WriteStatusReg);         //发送写取状态寄存器命令
    SPI1_ReadWriteByte(sr);                          //写入一个字节
    SPI_FLASH_CS_H                                   //取消片选
}
//W25QXX 写使能
//将 WEL 置位
void W25QXX_Write_Enable(void)
{
```

```
        SPI_FLASH_CS_L                                  //使能器件
        SPI1_ReadWriteByte(W25X_WriteEnable);           //发送写使能
        SPI_FLASH_CS_H                                  //取消片选
}
//W25QXX 写禁止
//将 WEL 清零
void W25QXX_Write_Disable(void)
{
        SPI_FLASH_CS_L                                  //使能器件
        SPI1_ReadWriteByte(W25X_WriteDisable);          //发送写禁止指令
        SPI_FLASH_CS_H                                  //取消片选
}
//读取芯片 ID
//返回值如下:
//0XEF13,表示芯片型号为 W25Q80
//0XEF14,表示芯片型号为 W25Q16
//0XEF15,表示芯片型号为 W25Q32
//0XEF16,表示芯片型号为 W25Q64
//0XEF17,表示芯片型号为 W25Q128
u16 W25QXX_ReadID(void)
{
        u16 Temp = 0;
        SPI_FLASH_CS_L
        SPI1_ReadWriteByte(0x90);       //发送读取 ID 命令
        SPI1_ReadWriteByte(0x00);
        SPI1_ReadWriteByte(0x00);
        SPI1_ReadWriteByte(0x00);
        Temp|=SPI1_ReadWriteByte(0xFF)<<8;
        Temp|=SPI1_ReadWriteByte(0xFF);
        SPI_FLASH_CS_H
        return Temp;
}
//读取 SPI Flash
//在指定地址开始读取指定长度的数据
//pBuffer:数据存储区
//ReadAddr:开始读取的地址(24b)
//NumByteToRead:要读取的字节数(最大 65 535)
void W25QXX_Read(u8* pBuffer,u32 ReadAddr,u16 NumByteToRead)
{
```

```
    u16 i;
    SPI_FLASH_CS_L                                  //使能器件
    SPI1_ReadWriteByte(W25X_ReadData);              //发送读取命令
    SPI1_ReadWriteByte((u8)((ReadAddr)>>16));       //发送 24b 地址
    SPI1_ReadWriteByte((u8)((ReadAddr)>>8));
    SPI1_ReadWriteByte((u8)ReadAddr);
    for(i=0;i<NumByteToRead;i++)
    {
        pBuffer[i]=SPI1_ReadWriteByte(0XFF);        //循环读数
    }
    SPI_FLASH_CS_H
}
//SPI 在一页(0~65 535)内写入少于 256B 的数据
//在指定地址开始写入最大 256B 的数据
//pBuffer:数据存储区
//WriteAddr:开始写入的地址(24b)
//NumByteToWrite:要写入的字节数(最大 256),该数不应该超过该页的剩余字节数!!!
void W25QXX_Write_Page(u8* pBuffer,u32 WriteAddr,u16 NumByteToWrite)
{
    u16 i;
    W25QXX_Write_Enable();                          //使能初始化
    SPI_FLASH_CS_L                                  //使能器件
    SPI1_ReadWriteByte(W25X_PageProgram);           //发送写页命令
    SPI1_ReadWriteByte((u8)((WriteAddr)>>16));      //发送 24b 地址
    SPI1_ReadWriteByte((u8)((WriteAddr)>>8));
    SPI1_ReadWriteByte((u8)WriteAddr);
    for(i=0;i<NumByteToWrite;i++)SPI1_ReadWriteByte(pBuffer[i]);    //循环写数
    SPI_FLASH_CS_H                                  //取消片选
    W25QXX_Wait_Busy();                             //等待写入结束
}
//无检验写 SPI Flash
//必须确保所写的地址范围内的数据全部为 0XFF,否则在非 0XFF 处写入的数据将失败!
//具有自动换页功能
//在指定地址开始写入指定长度的数据,但是要确保地址不越界!
//pBuffer:数据存储区
//WriteAddr:开始写入的地址(24b)
//NumByteToWrite:要写入的字节数(最大 65 535)
//验证正常
void W25QXX_Write_NoCheck(u8* pBuffer,u32 WriteAddr,u16 NumByteToWrite)
```

```
{
    u16 pageremain;
    pageremain=256-WriteAddr%256;                  //单页剩余的字节数
    if(NumByteToWrite<=pageremain)pageremain=NumByteToWrite;        //不大于 256B
    while(1)
    {
        W25QXX_Write_Page(pBuffer,WriteAddr,pageremain);
        if(NumByteToWrite==pageremain)break;           //写入结束了
        else //NumByteToWrite>pageremain
        {
            pBuffer+=pageremain;
            WriteAddr+=pageremain;

            NumByteToWrite-=pageremain;                  //减去已经写入了的字节数
            if(NumByteToWrite>256)pageremain=256;        //一次可以写入 256B
            else pageremain=NumByteToWrite;              //不够 256B 了
        }
    }
}
//写 SPI Flash
//在指定地址开始写入指定长度的数据
//该函数带擦除操作!
//pBuffer:数据存储区
//WriteAddr:开始写入的地址(24b)
//NumByteToWrite:要写入的字节数(最大 65 535)
u8 W25QXX_BUFFER[4096];
void W25QXX_Write(u8* pBuffer,u32 WriteAddr,u16 NumByteToWrite)
{
    u32 secpos;
    u16 secoff;
    u16 secremain;
    u16 i;
    u8 * W25QXX_BUF;
    W25QXX_BUF=W25QXX_BUFFER;
    secpos=WriteAddr/4096;           //扇区地址
    secoff=WriteAddr%4096;           //在扇区内的偏移
    secremain=4096-secoff;           //扇区剩余空间大小
    //printf("ad:%X,nb:%X\r\n",WriteAddr,NumByteToWrite);          //测试用
    if(NumByteToWrite<=secremain)secremain=NumByteToWrite;       //不大于 4KB
```

```
    while(1)
    {
        W25QXX_Read(W25QXX_BUF,secpos*4096,4096);          //读出整个扇区的内容
        for(i=0;i<secremain;i++)          //校验数据
        {
            if(W25QXX_BUF[secoff+i]!=0XFF)break;        //需要擦除
        }
        if(i<secremain)          //需要擦除
        {
            W25QXX_Erase_Sector(secpos);         //擦除这个扇区
            for(i=0;i<secremain;i++)                //复制
            {
                W25QXX_BUF[i+secoff]=pBuffer[i];
            }
            W25QXX_Write_NoCheck(W25QXX_BUF,secpos*4096,4096);   //写入整个扇区
        }else W25QXX_Write_NoCheck(pBuffer,WriteAddr,secremain);
        //写已经擦除了的，直接写入扇区剩余区间.
        if(NumByteToWrite==secremain)break;        //写入结束了
        else          //写入未结束
        {
            secpos++;          //扇区地址增 1
            secoff=0;          //偏移位置为 0

            pBuffer+=secremain;                //指针偏移
            WriteAddr+=secremain;              //写地址偏移
            NumByteToWrite-=secremain;                    //字节数递减
            if(NumByteToWrite>4096)secremain=4096;        //下一个扇区还是写不完
            else secremain=NumByteToWrite;                //下一个扇区可以写完了
        }
    }
}
//擦除整个芯片
//等待时间超长...
void W25QXX_Erase_Chip(void)
{
    W25QXX_Write_Enable();                               //使能初始化
    W25QXX_Wait_Busy();
     SPI_FLASH_CS_L                                      //使能器件
    SPI1_ReadWriteByte(W25X_ChipErase);                  //发送片擦除命令
```

```
        SPI_FLASH_CS_H                                          //取消片选
        W25QXX_Wait_Busy();                                     //等待芯片擦除结束
}
//擦除一个扇区
//Dst_Addr:扇区地址 根据实际容量设置
//擦除一个扇区的最少时间:150 ms
void W25QXX_Erase_Sector(u32 Dst_Addr)
{
        //监视 Falsh 擦除情况,测试用

        Dst_Addr*=4096;
        W25QXX_Write_Enable();                                  //使能初始化
        W25QXX_Wait_Busy();
        SPI_FLASH_CS_L                                          //使能器件
        SPI1_ReadWriteByte(W25X_SectorErase);                   //发送扇区擦除指令
        SPI1_ReadWriteByte((u8)((Dst_Addr)>>16));               //发送 24b 地址
        SPI1_ReadWriteByte((u8)((Dst_Addr)>>8));
        SPI1_ReadWriteByte((u8)Dst_Addr);
        SPI_FLASH_CS_H                                          //取消片选
        W25QXX_Wait_Busy();                                     //等待擦除完成
}
//等待空闲
void W25QXX_Wait_Busy(void)
{
        while((W25QXX_ReadSR()&0x01)==0x01);                    //等待 BUSY 位清空
}

void My_SPI_Init(void)
{
    GPIO_InitTypeDef   GPIO_InitStructure;
    SPI_InitTypeDef   SPI_InitStructure;

    RCC_AHB1PeriphClockCmd(RCC_AHB1Periph_GPIOA, ENABLE);       //使能 GPIOA 时钟
    RCC_AHB1PeriphClockCmd(RCC_AHB1Periph_GPIOB, ENABLE);       //使能 GPIOB 时钟
    RCC_AHB1PeriphClockCmd(RCC_AHB1Periph_GPIOG, ENABLE);       //使能 GPIOG 时钟
    RCC_APB2PeriphClockCmd(RCC_APB2Periph_SPI1, ENABLE);        //使能 SPI1 时钟

    GPIO_InitStructure.GPIO_Pin = GPIO_Pin_15;//PG15
    GPIO_InitStructure.GPIO_Mode = GPIO_Mode_OUT;               //输出
```

```
GPIO_InitStructure.GPIO_OType = GPIO_OType_PP;                  //推挽输出
GPIO_InitStructure.GPIO_Speed = GPIO_Speed_100MHz;              //100 MHz
GPIO_InitStructure.GPIO_PuPd = GPIO_PuPd_UP;                    //上拉
GPIO_Init(GPIOG, &GPIO_InitStructure);                          //初始化
//GPIOFB3,4,5 初始化设置
GPIO_InitStructure.GPIO_Pin = GPIO_Pin_3|GPIO_Pin_4|GPIO_Pin_5;
//PB3~5 复用功能输出
GPIO_InitStructure.GPIO_Mode = GPIO_Mode_AF;                    //复用功能
GPIO_InitStructure.GPIO_OType = GPIO_OType_PP;                  //推挽输出
GPIO_InitStructure.GPIO_Speed = GPIO_Speed_100MHz;              //100 MHz
GPIO_InitStructure.GPIO_PuPd = GPIO_PuPd_UP;                    //上拉
GPIO_Init(GPIOB, &GPIO_InitStructure);                          //初始化
GPIO_PinAFConfig(GPIOB,GPIO_PinSource3,GPIO_AF_SPI1);           //PB3 复用为 SPI1
GPIO_PinAFConfig(GPIOB,GPIO_PinSource4,GPIO_AF_SPI1);           //PB4 复用为 SPI1
GPIO_PinAFConfig(GPIOB,GPIO_PinSource5,GPIO_AF_SPI1);           //PB5 复用为 SPI1
GPIO_InitStructure.GPIO_Pin = GPIO_Pin_7;                       //PG7
GPIO_Init(GPIOG, &GPIO_InitStructure);                          //初始化
GPIO_SetBits(GPIOG,GPIO_Pin_15);                                //SPI Flash 不选中

RCC_APB2PeriphResetCmd(RCC_APB2Periph_SPI1,ENABLE);             //复位 SPI1
RCC_APB2PeriphResetCmd(RCC_APB2Periph_SPI1,DISABLE);            //停止复位 SPI1

SPI_InitStructure.SPI_Direction = SPI_Direction_2Lines_FullDuplex;
//SPI 设置为双线双向全双工
SPI_InitStructure.SPI_Mode = SPI_Mode_Master;       //设置 SPI 工作模式:设置为主 SPI
SPI_InitStructure.SPI_DataSize = SPI_DataSize_8b;   //SPI 发送接收 8 位帧结构
SPI_InitStructure.SPI_CPOL = SPI_CPOL_High;         //串行同步时钟的空闲状态为高电平
SPI_InitStructure.SPI_CPHA = SPI_CPHA_2Edge;
//串行同步时钟的第 2 个跳变沿(上升或下降)数据被采样
SPI_InitStructure.SPI_NSS = SPI_NSS_Soft;
SPI_InitStructure.SPI_BaudRatePrescaler = SPI_BaudRatePrescaler_256;
//波特率预分频值为 256
SPI_InitStructure.SPI_FirstBit = SPI_FirstBit_MSB;  //数据传输从 MSB 位开始
SPI_InitStructure.SPI_CRCPolynomial = 7;            //CRC 值计算的多项式
SPI_Init(SPI1, &SPI_InitStructure);
//根据 SPI_InitStruct 中指定的参数初始化外设 SPIx 寄存器
SPI_Cmd(SPI1, ENABLE);                              //使能 SPI 外设
SPI1_ReadWriteByte(0xff);                           //启动传输
SPI1_SetSpeed(SPI_BaudRatePrescaler_2);             //设置为 42 MHz 时钟,高速模式
```

```
}
void uart1_init(u32 bound)
{
    //GPIO 端口设置
    GPIO_InitTypeDef GPIO_InitStructure;
    USART_InitTypeDef USART_InitStructure;

    RCC_AHB1PeriphClockCmd(RCC_AHB1Periph_GPIOA,ENABLE);    //使能 GPIOA 时钟
    RCC_APB2PeriphClockCmd(RCC_APB2Periph_USART1,ENABLE);   //使能 USART1 时钟
    //串口 1 对应引脚复用映射
    GPIO_PinAFConfig(GPIOA,GPIO_PinSource9,GPIO_AF_USART1);
    //GPIOA9 复用为 USART1
    GPIO_PinAFConfig(GPIOA,GPIO_PinSource10,GPIO_AF_USART1);
    //GPIOA10 复用为 USART1
    //USART1 端口配置
    GPIO_InitStructure.GPIO_Pin = GPIO_Pin_9 | GPIO_Pin_10;      //GPIOA9 与 GPIOA10
    GPIO_InitStructure.GPIO_Mode = GPIO_Mode_AF;                 //复用功能
    GPIO_InitStructure.GPIO_Speed = GPIO_Speed_50MHz;            //速度 50 MHz
    GPIO_InitStructure.GPIO_OType = GPIO_OType_PP;               //推挽复用输出
    GPIO_InitStructure.GPIO_PuPd = GPIO_PuPd_UP;                 //上拉
    GPIO_Init(GPIOA,&GPIO_InitStructure);                        //初始化 PA9，PA10
    //USART1  初始化设置
    USART_InitStructure.USART_BaudRate = bound;                  //波特率设置
    USART_InitStructure.USART_WordLength = USART_WordLength_8b;
    //字长为 8 位数据格式
    USART_InitStructure.USART_StopBits = USART_StopBits_1;       //一个停止位
    USART_InitStructure.USART_Parity = USART_Parity_No;          //无奇偶校验位
    USART_InitStructure.USART_HardwareFlowControl =
    USART_HardwareFlowControl_None;                              //无硬件数据流控制
    USART_InitStructure.USART_Mode = USART_Mode_Rx | USART_Mode_Tx;
    //收发模式
    USART_Init(USART1, &USART_InitStructure);                    //初始化串口 1
    USART_Cmd(USART1, ENABLE);                                   //使能串口 1
    USART_ClearFlag(USART1, USART_FLAG_TC);
}
void Print_String(USART_TypeDef* USARTx,u8 *str)
{
    while(*str != 0)
    {
```

```
            USART_SendData(USARTx, *str);
            while(USART_GetFlagStatus(USART1,USART_FLAG_TC)!=SET);
            str++;
        }
}
int main(void)
{
        u8 *Str_Point,SPI_Write_Buf[256],SPI_Read_Buf[256],Print_Buf[256][3];
        u16 i;
        GPIO_InitTypeDef    GPIO_InitStructure;
        Str_Point = (u8*)&Print_Buf[0][0];
        RCC_AHB1PeriphClockCmd(RCC_AHB1Periph_GPIOC, ENABLE);

        GPIO_InitStructure.GPIO_Pin = GPIO_Pin_1;
        GPIO_InitStructure.GPIO_Mode = GPIO_Mode_OUT;
        GPIO_InitStructure.GPIO_OType = GPIO_OType_PP;
        GPIO_InitStructure.GPIO_Speed = GPIO_Speed_100MHz;
        GPIO_InitStructure.GPIO_PuPd = GPIO_PuPd_UP;
        GPIO_Init(GPIOC, &GPIO_InitStructure);

        uart1_init(115200);
        My_SPI_Init();
        for(i = 0; i < 256; i++)
        {
          SPI_Write_Buf[i] = i;
        }
        while(1)
        {
            Print_String(USART1,"\n\rStart Write W25Q128....\n\r");
            W25QXX_Write((u8*)SPI_Write_Buf,0x30000,256);
            Print_String(USART1,"\n\rW25Q128 Write Finished!\n\r");
            Print_String(USART1,"\n\rStart Read W25Q128.... \n\r");
            W25QXX_Read(SPI_Read_Buf,0x30000,256);
            for(i = 0; i < 256; i++)
            {
              Print_Buf[i][0] = ((SPI_Read_Buf[i]&0xf0)>>4);
                  Print_Buf[i][0] += (Print_Buf[i][0] <10)?48:55;

                  Print_Buf[i][1] = (SPI_Read_Buf[i]&0x0f);
```

```
            Print_Buf[i][1] += (Print_Buf[i][1] <10)?48:55;

            Print_Buf[i][2] = ' ';
        }
        Print_String(USART1,"\n\rThe Data Readed Is:     \n\r");
        Print_String(USART1,Str_Point);
        GPIO_SetBits(GPIOC,GPIO_Pin_1);
        Delay(600);
        GPIO_ResetBits(GPIOC,GPIO_Pin_1);
        Delay(60000);
    }
}
```

3. 实验现象

如图 2.2-36 和图 2.2-37 所示，找到资料包里的工程文件，打开代码后先点击编译按钮，编译完成没有错误，则可直接点击下载按钮下载代码。如果需要调试，单步运行代码，就点击 Debug 按钮。下载完成后就会看到串口调试助手打印出的相关信息，如图 2.2-38 所示。

WT_Mobile ▸ 1.初级教程 ▸ STM32F407 ▸ 7_SPI ▸ SPI ▸ user

助(H)

新建文件夹

名称	修改日期	类
JLinkLog.txt	2015/11/27 15:28	文
JLinkSettings.ini	2015/11/22 17:03	配
main.c	2015/11/27 16:00	C
SPI.uvproj	2015/11/23 21:34	礦
stm32f4xx.h	2015/11/23 21:34	C
stm32f4xx_conf.h	2014/8/1 23:35	C
stm32f4xx_it.c	2015/11/22 16:52	C
stm32f4xx_it.h	2014/8/1 23:55	C
system_stm32f4xx.c	2015/11/23 21:34	C
system_stm32f4xx.h	2014/8/1 22:30	C

图 2.2-36

图 2.2-37

```
Start Write W25Q128....

W25Q128 Write Finished!

Start Read W25Q128....

The Data Readed Is:
00 01 02 03 04 05 06 07 08 09 0A 0B 0C 0D 0E 0F 10 11 12 13 14 15 16 17 18 19 1A 1B 1C 1D 1E
 1F 20 21 22 23 24 25 26 27 28 29 2A 2B 2C 2D 2E 2F 30 31 32 33 34 35 36 37 38 39 3A 3B 3C 3
D 3E 3F 40 41 42 43 44 45 46 47 48 49 4A 4B 4C 4D 4E 4F 50 51 52 53 54 55 56 57 58 59 5A 5B
5C 5D 5E 5F 60 61 62 63 64 65 66 67 68 69 6A 6B 6C 6D 6E 6F 70 71 72 73 74 75 76 77 78 79 7A
 7B 7C 7D 7E 7F 80 81 82 83 84 85 86 87 88 89 8A 8B 8C 8D 8E 8F 90 91 92 93 94 95 96 97 98 9
9 9A 9B 9C 9D 9E 9F A0 A1 A2 A3 A4 A5 A6 A7 A8 A9 AA AB AC AD AE AF B0 B1 B2 B3 B4 B5 B6 B7
B8 B9 BA BB BC BD BE BF C0 C1 C2 C3 C4 C5 C6 C7 C8 C9 CA CB CC CD CE CF D0 D1 D2 D3 D4 D5 D6
 D7 D8 D9 DA DB DC DD DE DF E0 E1 E2 E3 E4 E5 E6 E7 E8 E9 EA EB EC ED EE EF F0 F1 F2 F3 F4 F
5 F6 F7 F8 F9 FA FB FC FD FE FF
```

图 2.2-38

2.2.8 DMA

1. DMA 介绍

Direct Memory Access 即直接存储器访问，缩写为 DMA。DMA 传输方式无需 CPU 直接控制传输，也没有中断处理方式那样保留现场和恢复现场的过程。DMA 通过硬件为 RAM 与 I/O 设备开辟一条直接传送数据的通路，提高 CPU 的执行效率。

STM32F407 有两个 DMA 控制器，共 16 个数据流。每个 DMA 控制器都用于管理一个或多个外设的存储器访问请求。每个数据流总共可以有多达 8 个通道。每个数据流通道都有一个仲裁器，用于处理 DMA 请求间的优先级。DMA 控制框图如图 2.2-39 所示。

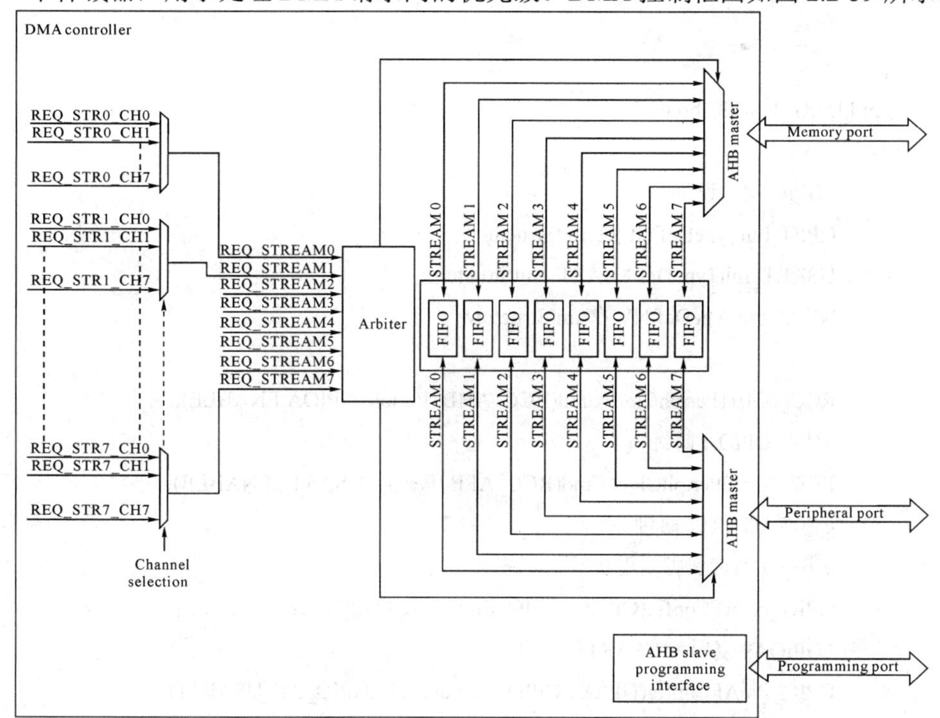

图 2.2-39

DMA 控制器执行直接存储器传输，因为采用 AHB 总主线，它可以控制 AHB 总线矩阵来启动 AHB 事务，包括外设到存储器的传输、存储器到外设的传输、存储器到存储器的传输。

2. 实验过程

DMA 实验通过串口模块连接电脑，由 DMA 将内存数组中的数据传送到串口，然后通过串口调试助手显示，同时也让 LED 灯闪烁。硬件连接电路图与串口以及 GPIO 一样，如图 2.2-2、图 2.2-18 所示。这里只介绍对 DMA 的配置，实验代码如清单 2.2-10 所示。

```
-----------------------------------------------代码清单 2.2-10-----------------------------------------------
#define DMA_Data_Size       16400
u8 DMA_Data_Buf[DMA_Data_Size];
u8 Test_String[] = "Wolverine Team Mobile DBoard DMA Test!\n\r";
void Delay(uint32_t delay_num)
{
      uint32_t i;
      while(delay_num--)
      {
        for(i=0;i<3000;i++)
          {
              __nop();
          }
      }
}
void Uart1_Init(u32 bound)
{
      //GPIO 端口设置
      GPIO_InitTypeDef GPIO_InitStructure;
      USART_InitTypeDef USART_InitStructure;
      NVIC_InitTypeDef NVIC_InitStructure;

      RCC_AHB1PeriphClockCmd(RCC_AHB1Periph_GPIOA,ENABLE);
      //使能 GPIOA 时钟
      RCC_APB2PeriphClockCmd(RCC_APB2Periph_USART1,ENABLE);
      //使能 USART1 时钟
      //串口 1 对应引脚复用映射
      GPIO_PinAFConfig(GPIOA,GPIO_PinSource9,GPIO_AF_USART1);
      //GPIOA9 复用为 USART1
      GPIO_PinAFConfig(GPIOA,GPIO_PinSource10,GPIO_AF_USART1);
      //GPIOA10 复用为 USART1
```

```
    //USART1 端口配置
    GPIO_InitStructure.GPIO_Pin = GPIO_Pin_9 | GPIO_Pin_10;         //GPIOA9 与 GPIOA10
    GPIO_InitStructure.GPIO_Mode = GPIO_Mode_AF;                    //复用功能
    GPIO_InitStructure.GPIO_Speed = GPIO_Speed_50MHz;               //速度 50 MHz
    GPIO_InitStructure.GPIO_OType = GPIO_OType_PP;                  //推挽复用输出
    GPIO_InitStructure.GPIO_PuPd = GPIO_PuPd_UP;                    //上拉
    GPIO_Init(GPIOA,&GPIO_InitStructure);                           //初始化 PA9，PA10

    //USART1 初始化设置
    USART_InitStructure.USART_BaudRate = bound;                     //波特率设置
    USART_InitStructure.USART_WordLength = USART_WordLength_8b;  //字长为 8 位数据格式
    USART_InitStructure.USART_StopBits = USART_StopBits_1;          //一个停止位
    USART_InitStructure.USART_Parity = USART_Parity_No;             //无奇偶校验位
    USART_InitStructure.USART_HardwareFlowControl =
    USART_HardwareFlowControl_None;                                 //无硬件数据流控制
    USART_InitStructure.USART_Mode = USART_Mode_Rx | USART_Mode_Tx;
    //收发模式
    USART_Init(USART1, &USART_InitStructure);                       //初始化串口 1
    USART_Cmd(USART1, ENABLE);                                      //使能串口 1
    USART_ClearFlag(USART1, USART_FLAG_TC);
    USART_ITConfig(USART1, USART_IT_RXNE, ENABLE);                  //开启相关中断
    //Usart1 NVIC 配置
    NVIC_InitStructure.NVIC_IRQChannel = USART1_IRQn;               //串口 1 中断通道
    NVIC_InitStructure.NVIC_IRQChannelPreemptionPriority=3;         //抢占优先级 3
    NVIC_InitStructure.NVIC_IRQChannelSubPriority =3;               //子优先级 3
    NVIC_InitStructure.NVIC_IRQChannelCmd = ENABLE;                 //IRQ 通道使能
    NVIC_Init(&NVIC_InitStructure);         //根据指定的参数初始化 VIC 寄存器
}
void Print_String(USART_TypeDef* USARTx,u8 *str)
{
    while(*str != 0)
    {
        USART_SendData(USARTx, *str);
        while(USART_GetFlagStatus(USART1,USART_FLAG_TC)!=SET);
        str++;
    }
}
void My_DMA_Config(DMA_Stream_TypeDef *DMA_Streamx,u32 chx,u32 par,u32
mar,u16 ndtr)
```

```
{
    DMA_InitTypeDef  DMA_InitStructure;
    if((u32)DMA_Streamx>(u32)DMA2)      //得到当前 stream 是属于 DMA2 还是 DMA1
    {
      RCC_AHB1PeriphClockCmd(RCC_AHB1Periph_DMA2,ENABLE);  //DMA2 时钟使能

    }
    else
    {
      RCC_AHB1PeriphClockCmd(RCC_AHB1Periph_DMA1,ENABLE);
      //DMA1 时钟使能
    }
  DMA_DeInit(DMA_Streamx);
  while (DMA_GetCmdStatus(DMA_Streamx) != DISABLE){}    //等待 DMA 可配置

  /* 配置 DMA Stream */
  DMA_InitStructure.DMA_Channel = chx;        //通道选择
  DMA_InitStructure.DMA_PeripheralBaseAddr = par;       //DMA 外设地址
  DMA_InitStructure.DMA_Memory0BaseAddr = mar;       //DMA 存储器 0 地址
  DMA_InitStructure.DMA_DIR = DMA_DIR_MemoryToPeripheral;    //存储器到外设模式
  DMA_InitStructure.DMA_BufferSize = ndtr;       //数据传输量
  DMA_InitStructure.DMA_PeripheralInc = DMA_PeripheralInc_Disable;     //外设非增量模式
  DMA_InitStructure.DMA_MemoryInc = DMA_MemoryInc_Enable;       //存储器增量模式
  DMA_InitStructure.DMA_PeripheralDataSize = DMA_PeripheralDataSize_Byte;
  //外设数据长度:8 位
  DMA_InitStructure.DMA_MemoryDataSize = DMA_MemoryDataSize_Byte;
  //存储器数据长度:8 位
  DMA_InitStructure.DMA_Mode = DMA_Mode_Normal;     //使用普通模式
  DMA_InitStructure.DMA_Priority = DMA_Priority_Medium;    //中等优先级
  DMA_InitStructure.DMA_FIFOMode = DMA_FIFOMode_Disable;
  DMA_InitStructure.DMA_FIFOThreshold = DMA_FIFOThreshold_Full;
  DMA_InitStructure.DMA_MemoryBurst = DMA_MemoryBurst_Single;
  //存储器突发单次传输
  DMA_InitStructure.DMA_PeripheralBurst = DMA_PeripheralBurst_Single;
  //外设突发单次传输
  DMA_Init(DMA_Streamx, &DMA_InitStructure);       //初始化 DMA Stream
}
//开启一次 DMA 传输
//DMA_Streamx:DMA 数据流,DMA1_Stream0~7/DMA2_Stream0~7
//ndtr:数据传输量
```

```
void MYDMA_Enable(DMA_Stream_TypeDef *DMA_Streamx,u16 ndtr)
{

    DMA_Cmd(DMA_Streamx, DISABLE);                              //关闭 DMA 传输
    while (DMA_GetCmdStatus(DMA_Streamx) != DISABLE){}          //确保 DMA 可以被设置
    DMA_SetCurrDataCounter(DMA_Streamx,ndtr);                   //数据传输量
    DMA_Cmd(DMA_Streamx, ENABLE);                               //开启 DMA 传输
}
int main(void)
{
    u16 i;
    GPIO_InitTypeDef    GPIO_InitStructure;
    NVIC_PriorityGroupConfig(NVIC_PriorityGroup_2);
    RCC_AHB1PeriphClockCmd(RCC_AHB1Periph_GPIOC, ENABLE);

    GPIO_InitStructure.GPIO_Pin = GPIO_Pin_1;
    GPIO_InitStructure.GPIO_Mode = GPIO_Mode_OUT;
    GPIO_InitStructure.GPIO_OType = GPIO_OType_PP;
    GPIO_InitStructure.GPIO_Speed = GPIO_Speed_100MHz;
    GPIO_InitStructure.GPIO_PuPd = GPIO_PuPd_UP;
    GPIO_Init(GPIOC, &GPIO_InitStructure);

    Uart1_Init(115200);

    My_DMA_Config(DMA2_Stream7,DMA_Channel_4,(u32)&USART1->DR,(u32)DMA
    _Data_Buf,DMA_Data_Size);
    //DMA2,STEAM7,CH4,外设为串口 1,存储器为 SendBuff,长度为:SEND_BUF_SIZE.
    for(i=0;i<DMA_Data_Size;i++)
    {
        DMA_Data_Buf[i] = Test_String[i%40];
    }
    USART_DMACmd(USART1,USART_DMAReq_Tx,ENABLE);  //使能串口 1 的 DMA 发送
    MYDMA_Enable(DMA2_Stream7,DMA_Data_Size);
    while(1)
    {
        GPIO_ToggleBits(GPIOC,GPIO_Pin_1);
        Delay(1200);
    }
}
```

---

3. 实验现象

如图 2.2-40 和图 2.2-41 所示，找到资料包里的工程文件，打开代码后先点击编译按钮，编译完成没有错误，则可直接点击下载按钮下载代码。如果需要调试，单步运行代码，就点击 Debug 按钮。下载完成后就会看到串口调试助手打印出的相关信息，如图 2.2-42 所示。

WT_Mobile ▸ 1.初级教程 ▸ STM32F407 ▸ 8_DMA ▸ DMA ▸ user

新建文件夹

名称	修改日期	类型
DMA.uvproj	2015/11/23 22:44	礦isi
JLinkLog.txt	2015/11/26 22:00	文本
JLinkSettings.ini	2015/11/22 17:03	配置
main.c	2015/11/26 22:12	C Sc
stm32f4xx.h	2015/11/23 23:01	C/C-
stm32f4xx_conf.h	2014/8/1 23:35	C/C-
stm32f4xx_it.c	2015/11/22 16:52	C Sc
stm32f4xx_it.h	2014/8/1 23:55	C/C-
system_stm32f4xx.c	2015/11/23 23:01	C Sc
system_stm32f4xx.h	2014/8/1 22:30	C/C-

图 2.2-40

图 2.2-41

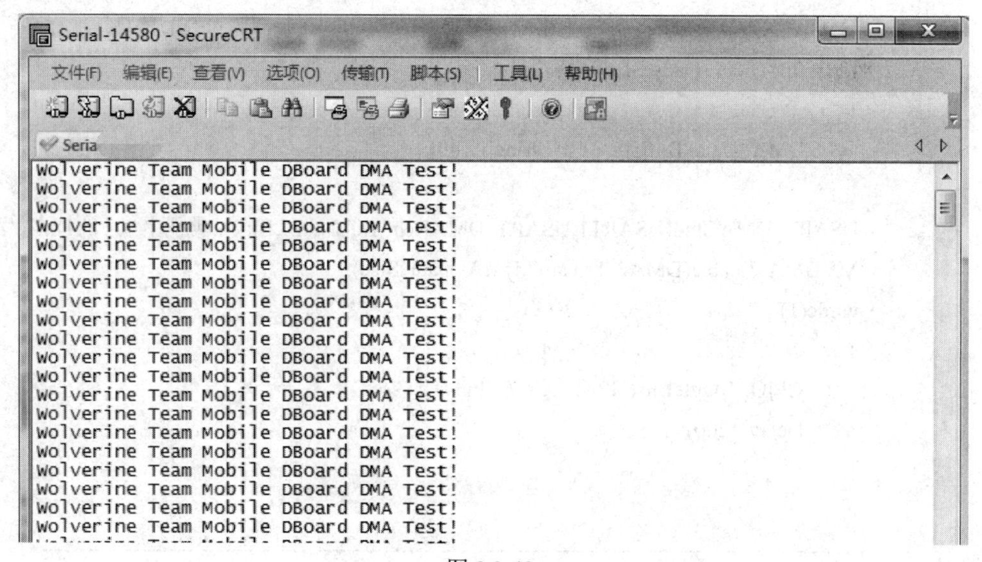

图 2.2-42

2.2.9　FSMC

1. FSMC 介绍

Flexible Static Memory Controller 即灵活的静态存储控制器，缩写为 FSMC。FSMC 能够与同步或异步存储器以及 16 位 PC 存储器卡连接，框图如图 2.2-43 所示。STM32F407 的 FSMC 接口支持 SRAM、NAND Flash、NOR Flash 以及 PSRAM 等存储器。

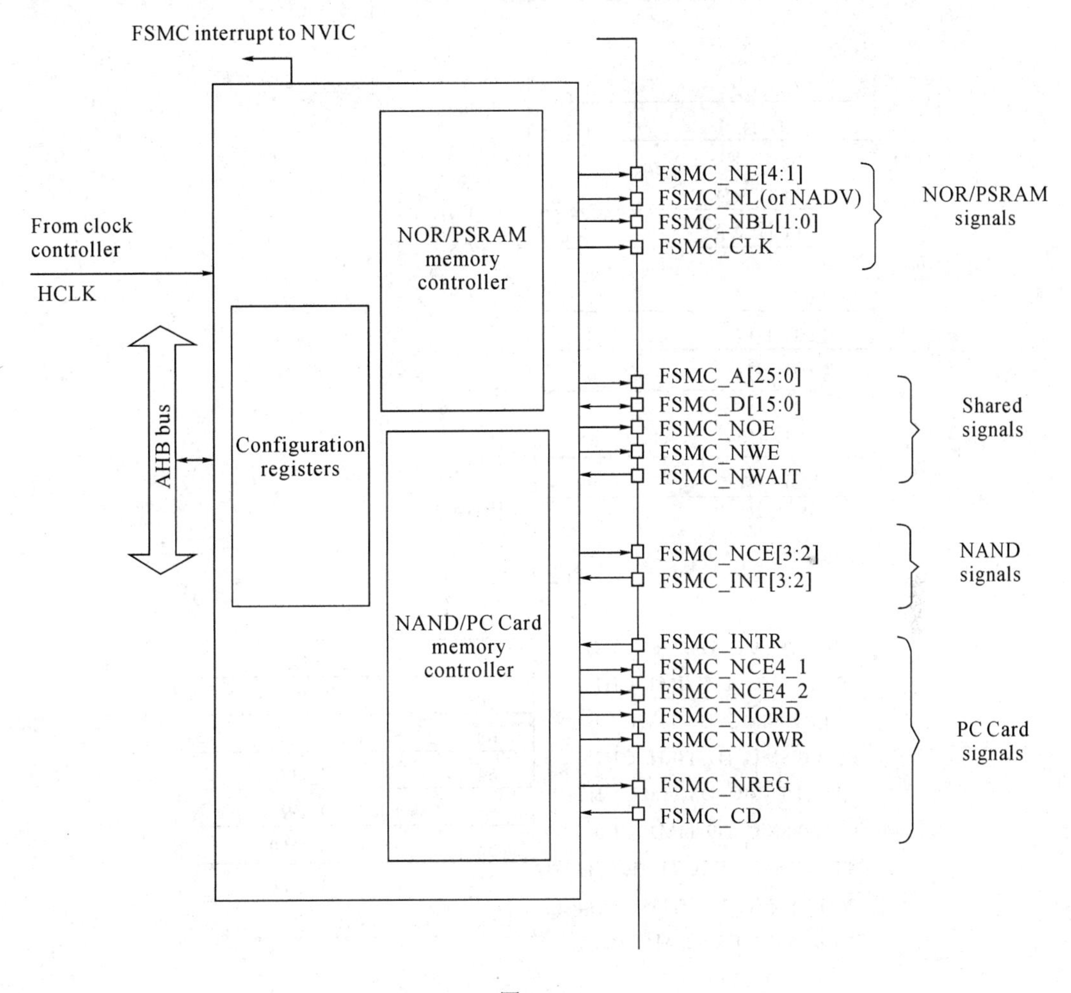

图 2.2-43

FSMC 将外部设备分为两类：NOR/PSRAM 设备、NAND/PC 卡设备。它们共用地址和数据等信号线，用不同的 CS 片选来区分不同的设备。

2. 实验过程

FSMC 实验是将 LCD 屏作为一个 SRAM 进行控制。数据/指令信号通过一根地址线进行控制，其他信号线对应连接即可。LCD 屏幕显示相关图案。LCD 与 FSMC 接口的硬件连接电路图如图 2.2-44 和图 2.2-45 所示。

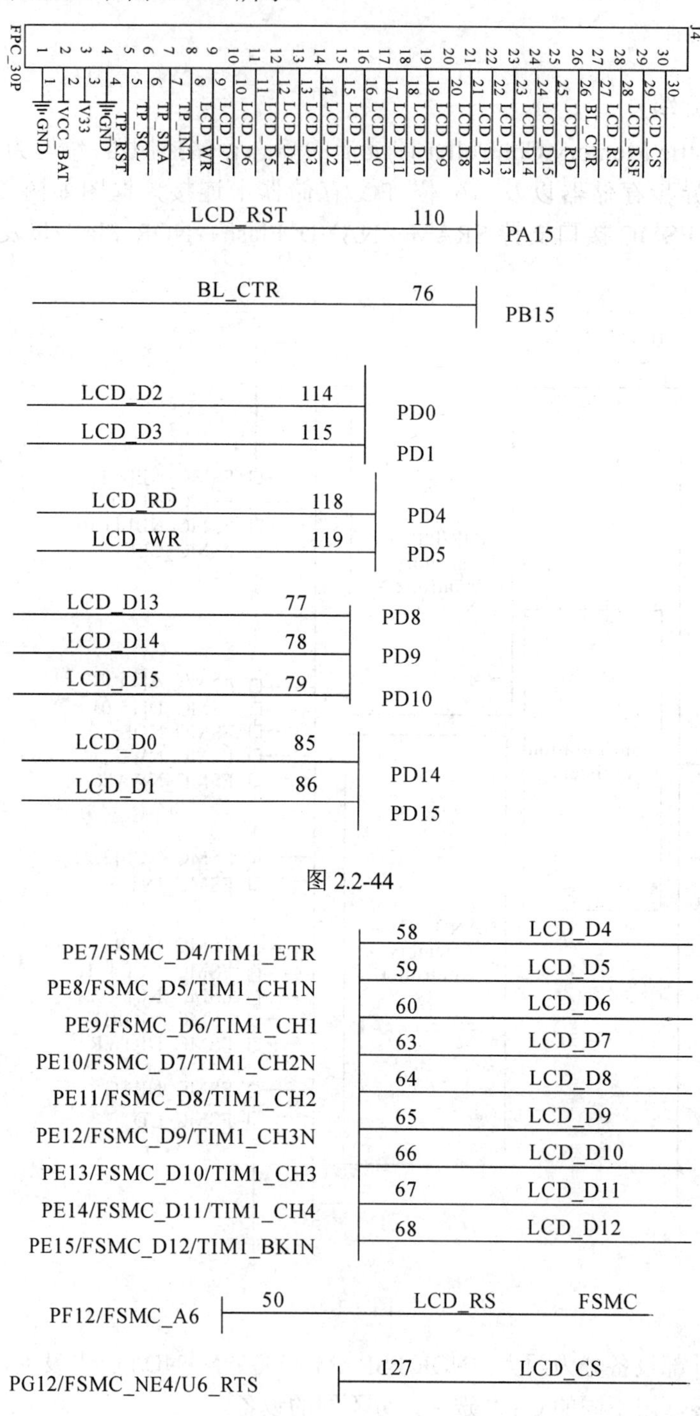

图 2.2-44

图 2.2-45

除了 LCD_RST 与 BL_CTR 两个引脚需要配置为普通 GPIO 口输出模式，其余的都配置为 FSMC 接口的复用功能模式。引脚配置完之后，对 FSMC 接口模块进行配置。配置代码(通过调用官方库)如清单 2.2-11 所示，实验代码如清单 2.2-12 所示。

---代码清单 2.2-11---

```
GPIO_InitTypeDef   GPIO_InitStructure;
FSMC_NORSRAMInitTypeDef   FSMC_NORSRAMInitStructure;
FSMC_NORSRAMTimingInitTypeDef   readWriteTiming;
FSMC_NORSRAMTimingInitTypeDef   writeTiming;

RCC_AHB1PeriphClockCmd(RCC_AHB1Periph_GPIOA
                    |RCC_AHB1Periph_GPIOB
                  |RCC_AHB1Periph_GPIOC
                |RCC_AHB1Periph_GPIOD
              |RCC_AHB1Periph_GPIOE
            |RCC_AHB1Periph_GPIOF
          |RCC_AHB1Periph_GPIOG, ENABLE);     //使能 PA,PB,PC,PD,PE,PF,PG 时钟
RCC_AHB3PeriphClockCmd(RCC_AHB3Periph_FSMC,ENABLE);      //使能 FSMC 时钟

GPIO_InitStructure.GPIO_Pin = GPIO_Pin_15;             //PB15 推挽输出,控制背光
GPIO_InitStructure.GPIO_Mode = GPIO_Mode_OUT;          //普通输出模式
GPIO_InitStructure.GPIO_OType = GPIO_OType_PP;         //推挽输出
GPIO_InitStructure.GPIO_Speed = GPIO_Speed_50MHz;      //50 MHz
GPIO_InitStructure.GPIO_PuPd = GPIO_PuPd_UP;           //上拉
GPIO_Init(GPIOB, &GPIO_InitStructure);                 //初始化
GPIO_InitStructure.GPIO_Pin = GPIO_Pin_15;             //PA15 推挽输出,复位
GPIO_InitStructure.GPIO_Mode = GPIO_Mode_OUT;          //普通输出模式
GPIO_InitStructure.GPIO_OType = GPIO_OType_PP;         //推挽输出
GPIO_InitStructure.GPIO_Speed = GPIO_Speed_50MHz;      //50 MHz
GPIO_InitStructure.GPIO_PuPd = GPIO_PuPd_UP;           //上拉
GPIO_Init(GPIOA, &GPIO_InitStructure);                 //初始化

GPIO_InitStructure.GPIO_Pin = (3<<0)|(3<<4)|(7<<8)|(3<<14);
GPIO_InitStructure.GPIO_Mode = GPIO_Mode_AF;           //复用输出
GPIO_InitStructure.GPIO_OType = GPIO_OType_PP;         //推挽输出
GPIO_InitStructure.GPIO_Speed = GPIO_Speed_100MHz;     //100 MHz
GPIO_InitStructure.GPIO_PuPd = GPIO_PuPd_UP;           //上拉
GPIO_Init(GPIOD, &GPIO_InitStructure);                 //初始化
GPIO_InitStructure.GPIO_Pin = (0X1FF<<7);              //PE7~15,AF OUT
GPIO_InitStructure.GPIO_Mode = GPIO_Mode_AF;           //复用输出
GPIO_InitStructure.GPIO_OType = GPIO_OType_PP;         //推挽输出
GPIO_InitStructure.GPIO_Speed = GPIO_Speed_100MHz;     //100 MHz
GPIO_InitStructure.GPIO_PuPd = GPIO_PuPd_UP;           //上拉
```

```
GPIO_Init(GPIOE, &GPIO_InitStructure);                         //初始化
GPIO_InitStructure.GPIO_Pin = GPIO_Pin_12;                     //PF12,FSMC_A6
GPIO_InitStructure.GPIO_Mode = GPIO_Mode_AF;                   //复用输出
GPIO_InitStructure.GPIO_OType = GPIO_OType_PP;                 //推挽输出
GPIO_InitStructure.GPIO_Speed = GPIO_Speed_100MHz;             //100 MHz
GPIO_InitStructure.GPIO_PuPd = GPIO_PuPd_UP;                   //上拉
GPIO_Init(GPIOF, &GPIO_InitStructure);                         //初始化
GPIO_InitStructure.GPIO_Pin = GPIO_Pin_12;                     //PG12,FSMC_NE4
GPIO_InitStructure.GPIO_Mode = GPIO_Mode_AF;                   //复用输出
GPIO_InitStructure.GPIO_OType = GPIO_OType_PP;                 //推挽输出
GPIO_InitStructure.GPIO_Speed = GPIO_Speed_100MHz;             //100 MHz
GPIO_InitStructure.GPIO_PuPd = GPIO_PuPd_UP;                   //上拉
GPIO_Init(GPIOG, &GPIO_InitStructure);                         //初始化

GPIO_PinAFConfig(GPIOD,GPIO_PinSource0,GPIO_AF_FSMC);          //PD0,AF12
GPIO_PinAFConfig(GPIOD,GPIO_PinSource1,GPIO_AF_FSMC);          //PD1,AF12
GPIO_PinAFConfig(GPIOD,GPIO_PinSource4,GPIO_AF_FSMC);
GPIO_PinAFConfig(GPIOD,GPIO_PinSource5,GPIO_AF_FSMC);
GPIO_PinAFConfig(GPIOD,GPIO_PinSource8,GPIO_AF_FSMC);
GPIO_PinAFConfig(GPIOD,GPIO_PinSource9,GPIO_AF_FSMC);
GPIO_PinAFConfig(GPIOD,GPIO_PinSource10,GPIO_AF_FSMC);
GPIO_PinAFConfig(GPIOD,GPIO_PinSource14,GPIO_AF_FSMC);
GPIO_PinAFConfig(GPIOD,GPIO_PinSource15,GPIO_AF_FSMC);         //PD15,AF12
GPIO_PinAFConfig(GPIOE,GPIO_PinSource7,GPIO_AF_FSMC);          //PE7,AF12
GPIO_PinAFConfig(GPIOE,GPIO_PinSource8,GPIO_AF_FSMC);
GPIO_PinAFConfig(GPIOE,GPIO_PinSource9,GPIO_AF_FSMC);
GPIO_PinAFConfig(GPIOE,GPIO_PinSource10,GPIO_AF_FSMC);
GPIO_PinAFConfig(GPIOE,GPIO_PinSource11,GPIO_AF_FSMC);
GPIO_PinAFConfig(GPIOE,GPIO_PinSource12,GPIO_AF_FSMC);
GPIO_PinAFConfig(GPIOE,GPIO_PinSource13,GPIO_AF_FSMC);
GPIO_PinAFConfig(GPIOE,GPIO_PinSource14,GPIO_AF_FSMC);
GPIO_PinAFConfig(GPIOE,GPIO_PinSource15,GPIO_AF_FSMC);         //PE15,AF12

GPIO_PinAFConfig(GPIOF,GPIO_PinSource12,GPIO_AF_FSMC);         //PF12,AF12
GPIO_PinAFConfig(GPIOG,GPIO_PinSource12,GPIO_AF_FSMC);

LCD_RST = 1;

readWriteTiming.FSMC_AddressSetupTime = 0XF;
```

```
readWriteTiming.FSMC_AddressHoldTime = 0x00;
readWriteTiming.FSMC_DataSetupTime = 60;
readWriteTiming.FSMC_BusTurnAroundDuration = 0x00;
readWriteTiming.FSMC_CLKDivision = 0x00;
readWriteTiming.FSMC_DataLatency = 0x00;
readWriteTiming.FSMC_AccessMode = FSMC_AccessMode_A;     //模式 A

writeTiming.FSMC_AddressSetupTime =9;
writeTiming.FSMC_AddressHoldTime = 0x00;     //地址保持时间
writeTiming.FSMC_DataSetupTime = 8;     //数据保存时间为 6ns*9 个 HCLK=54ns
writeTiming.FSMC_BusTurnAroundDuration = 0x00;
writeTiming.FSMC_CLKDivision = 0x00;
writeTiming.FSMC_DataLatency = 0x00;
writeTiming.FSMC_AccessMode = FSMC_AccessMode_A;   //模式 A

FSMC_NORSRAMInitStructure.FSMC_Bank =
FSMC_Bank1_NORSRAM4;     //这里我们使用 NE4，也就对应 BTCR[6],[7]
FSMC_NORSRAMInitStructure.FSMC_DataAddressMux=
FSMC_DataAddressMux_Disable;     //不复用数据地址
FSMC_NORSRAMInitStructure.FSMC_MemoryType=
FSMC_MemoryType_SRAM;// FSMC_MemoryType_SRAM;   //SRAM
FSMC_NORSRAMInitStructure.FSMC_MemoryDataWidth=
FSMC_MemoryDataWidth_16b;     //存储器数据宽度为 16b
FSMC_NORSRAMInitStructure.FSMC_BurstAccessMode=
FSMC_BurstAccessMode_Disable;     //FSMC_BurstAccessMode_Disable;
FSMC_NORSRAMInitStructure.FSMC_WaitSignalPolarity=
FSMC_WaitSignalPolarity_Low;
FSMC_NORSRAMInitStructure.FSMC_AsynchronousWait=
FSMC_AsynchronousWait_Disable;
FSMC_NORSRAMInitStructure.FSMC_WrapMode = FSMC_WrapMode_Disable;
FSMC_NORSRAMInitStructure.FSMC_WaitSignalActive=
FSMC_WaitSignalActive_BeforeWaitState;
FSMC_NORSRAMInitStructure.FSMC_WriteOperation=
FSMC_WriteOperation_Enable;     //存储器写使能
FSMC_NORSRAMInitStructure.FSMC_WaitSignal = FSMC_WaitSignal_Disable;
FSMC_NORSRAMInitStructure.FSMC_ExtendedMode=FSMC_ExtendedMode_Enable;
FSMC_NORSRAMInitStructure.FSMC_WriteBurst = FSMC_WriteBurst_Disable;
FSMC_NORSRAMInitStructure.FSMC_ReadWriteTimingStruct=&readWriteTiming;
FSMC_NORSRAMInitStructure.FSMC_WriteTimingStruct = &writeTiming;     //写时序
```

```
FSMC_NORSRAMInit(&FSMC_NORSRAMInitStructure);       //初始化 FSMC 配置
FSMC_NORSRAMCmd(FSMC_Bank1_NORSRAM4, ENABLE);     //使能 BANK1
```

--代码清单 2.2-12--

```
int main(void)
{
    GPIO_InitTypeDef   GPIO_InitStructure;
    RCC_AHB1PeriphClockCmd(RCC_AHB1Periph_GPIOC, ENABLE);
    delay_init(168);
    GPIO_InitStructure.GPIO_Pin = GPIO_Pin_1;
    GPIO_InitStructure.GPIO_Mode = GPIO_Mode_OUT;
    GPIO_InitStructure.GPIO_OType = GPIO_OType_PP;
    GPIO_InitStructure.GPIO_Speed = GPIO_Speed_100MHz;
    GPIO_InitStructure.GPIO_PuPd = GPIO_PuPd_UP;
    GPIO_Init(GPIOC, &GPIO_InitStructure);

    LCD_Init();

    POINT_COLOR=WHITE;
    LCD_DrawLine(0, 399, 479, 399);
    LCD_DrawLine(0, 400, 479, 400);
    LCD_DrawLine(0, 401, 479, 401);
    LCD_DrawLine(239, 0, 239, 799);
    LCD_DrawLine(240, 0, 240, 799);
    LCD_DrawLine(241, 0, 241, 799);
    LCD_Fill(0,0,239,399,BLUE);
    LCD_Fill(241,0,479,399,RED);
    LCD_Fill(0,401,239,799,GREEN);
    LCD_Fill(241,401,479,799,YELLOW);
    LCD_Draw_Circle(110,150,100);
    LCD_DrawRectangle(250, 450, 350, 700);
    LCD_Fill(260,60,270,200,BLACK);
    LCD_DrawRectangle(260, 60, 270, 200);
    POINT_COLOR=RED;
    LCD_ShowString(10,600,479,24,24,"Wolverine-Team!");
    LCD_ShowString(30,630,479,24,24,"FSMC Test!");
    while(1)
    {
        GPIO(C,1,O) = 1;
```

```
            Delay(1200);
            GPIO(C,1,O) = 0;
            Delay(1200);
        }
    }
```

----

3. 实验现象

如图 2.2-46 和图 2.2-47 所示，找到资料包里的工程文件，打开代码后先点击编译按钮，编译完成没有错误，则可直接点击下载按钮下载代码。如果需要调试，单步运行代码，就点击 Debug 按钮。下载完成后就会看到 LCD 显示彩色图案，如图 2.2-48 所示。

WT_Mobile ▸ 1.初级教程 ▸ STM32F407 ▸ 9_FSMC ▸ LCD ▸ user

助(H)

新建文件夹

名称	修改日期	类型
delay.c	2015/11/26 16:35	C Sou
delay.h	2015/11/26 16:34	C/C+
gpio.h	2015/11/26 16:45	C/C+
JLinkLog.txt	2015/11/27 21:16	文本文
JLinkSettings.ini	2015/11/22 17:03	配置设
lcd.c	2015/11/27 21:20	C Sou
lcd.h	2015/11/26 16:55	C/C+
LCD.uvproj	2015/11/26 16:49	礦isio
main.c	2015/11/26 22:13	C Sou
stm32f4xx.h	2015/11/23 23:10	C/C+
stm32f4xx_conf.h	2014/8/1 23:35	C/C+
stm32f4xx_it.c	2015/11/22 16:52	C Sou
stm32f4xx_it.h	2014/8/1 23:55	C/C+
system_stm32f4xx.c	2015/11/23 23:09	C Sou
system_stm32f4xx.h	2014/8/1 22:30	C/C+
zimo.h	2015/11/26 17:24	C/C+

图 2.2-46

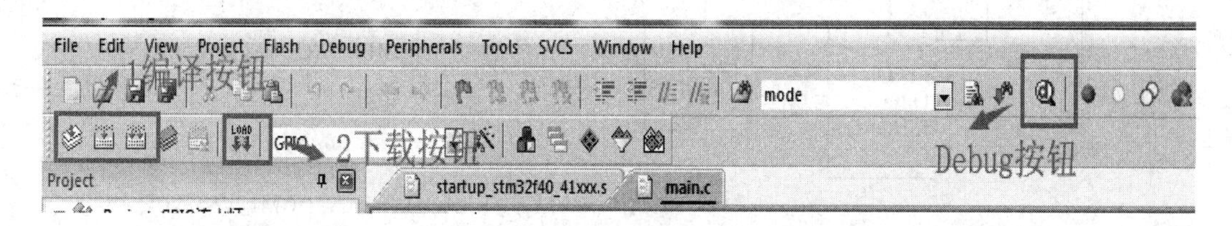

图 2.2-47

图 2.2-48

2.2.10　DCMI

1. DCMI 介绍

Digital Camera Interface 即数字摄像头接口，缩写为 DCMI。DCMI 接口是一个同步并行接口，能够接收外部 8 位、10 位、12 位或 14 位 CMOS 摄像头模块发出的高速数据流，可支持不同的数据格式：YCbCr4:2:2/RGB565 逐行视频和压缩数据(JPEG)。该接口适用于黑白摄像头、X24 和 X5 摄像头，并假定所有预处理(如调整大小)都在摄像头模块中执行。

STM32F407 所带的 DCMI 接口有以下信号线：数据输入 D[0:13]、水平同步输入 HSYNC、垂直同步输入 VSYNC、像素时钟输入 PIXCLK，框图如图 2.2-49 和图 2.2-50 所示。

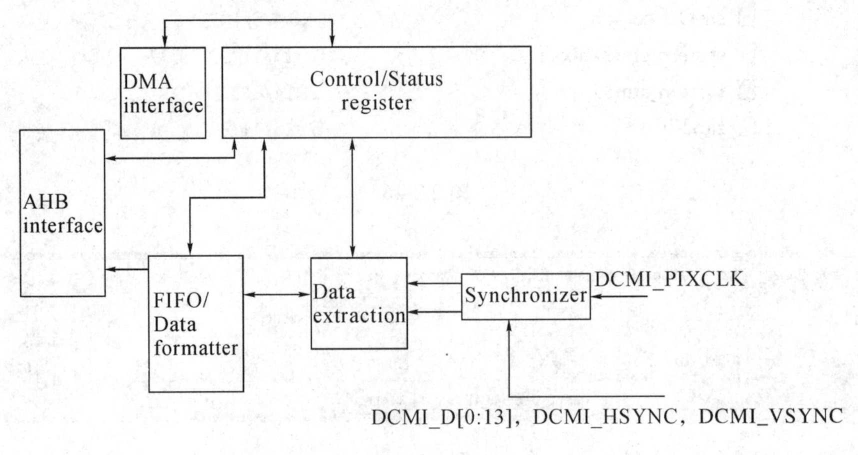

图 2.2-49

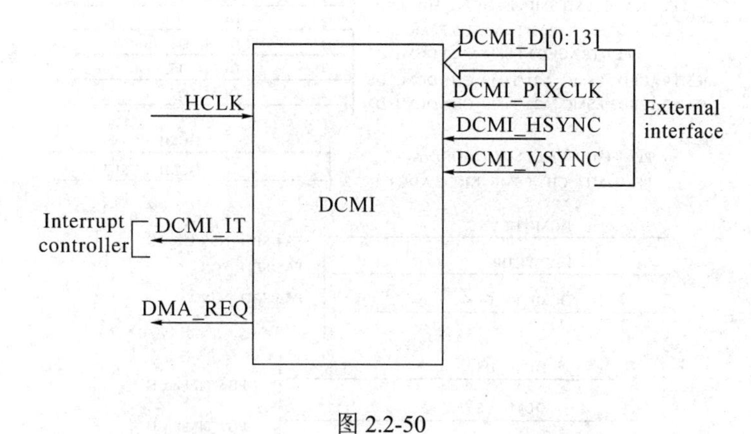

图 2.2-50

2. 实验过程

DCMI 实验通过摄像头采集图像信息，由 LCD 屏幕显示出来。摄像头的硬件连接电路图如图 2.2-51 和图 2.2-52 所示。

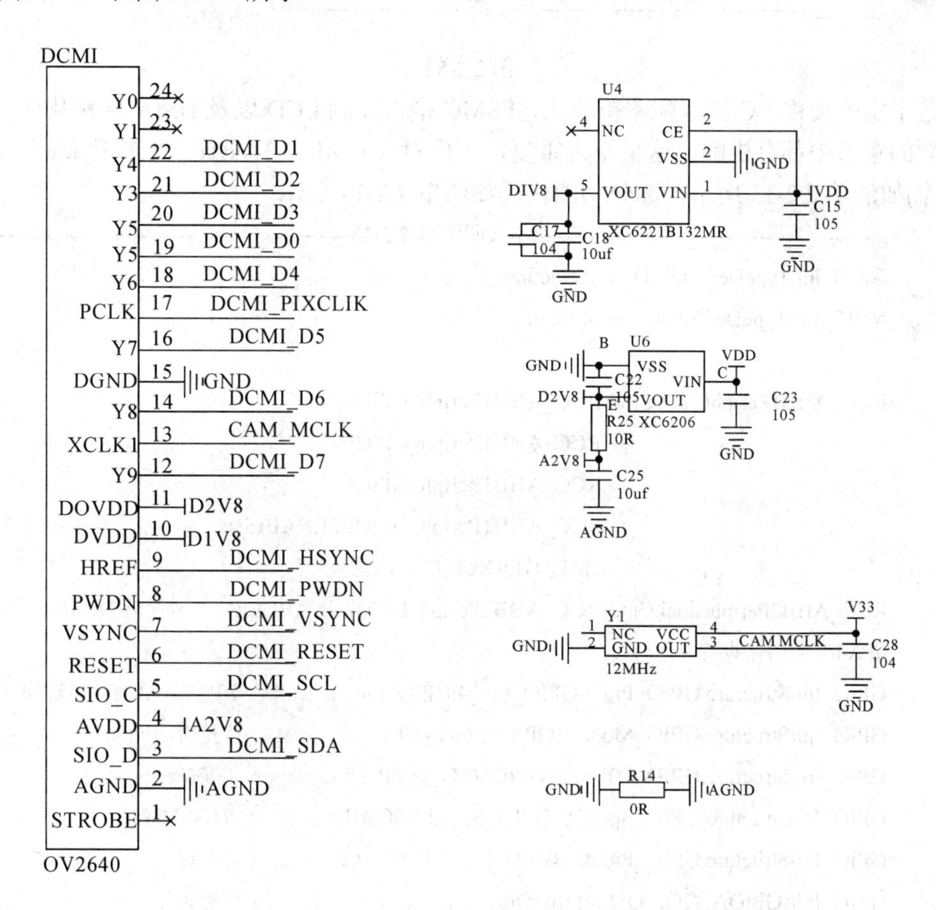

图 2.2-51

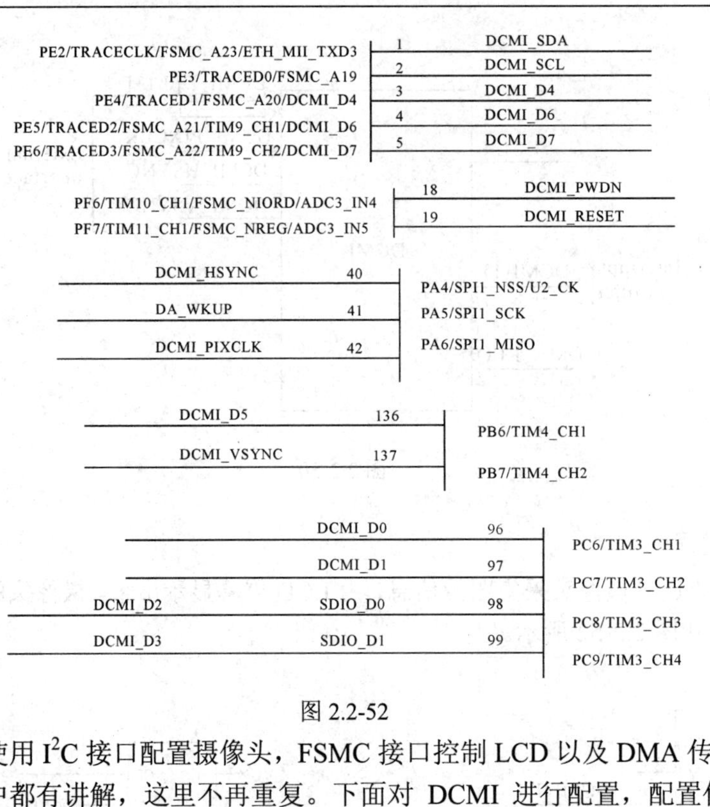

图 2.2-52

这个实验使用 I^2C 接口配置摄像头，FSMC 接口控制 LCD 以及 DMA 传输数据，这些在前面的章节中都有讲解，这里不再重复。下面对 DCMI 进行配置，配置代码(通过调用官方库)如清单 2.2-13 所示，部分功能代码如清单 2.2-14 所示。

---代码清单 2.2-13---

```
GPIO_InitTypeDef   GPIO_InitStructure;
NVIC_InitTypeDef NVIC_InitStructure;

RCC_AHB1PeriphClockCmd(RCC_AHB1Periph_GPIOA
                        |RCC_AHB1Periph_GPIOB
                        |RCC_AHB1Periph_GPIOC
                        |RCC_AHB1Periph_GPIOE, ENABLE);
                        //使能 GPIOA B C E 时钟
RCC_AHB2PeriphClockCmd(RCC_AHB2Periph_DCMI,ENABLE);        //使能 DCMI 时钟
//PA4/6 初始化设置
GPIO_InitStructure.GPIO_Pin = GPIO_Pin_4|GPIO_Pin_6;        //PA4/6 复用功能输出
GPIO_InitStructure.GPIO_Mode = GPIO_Mode_AF;                //复用功能输出
GPIO_InitStructure.GPIO_OType = GPIO_OType_PP;              //推挽输出
GPIO_InitStructure.GPIO_Speed = GPIO_Speed_100MHz;          //100 MHz
GPIO_InitStructure.GPIO_PuPd = GPIO_PuPd_UP;                //上拉
GPIO_Init(GPIOA, &GPIO_InitStructure);                      //初始化

GPIO_InitStructure.GPIO_Pin = GPIO_Pin_7|GPIO_Pin_6;        //PB6/7 复用功能输出
```

```
GPIO_Init(GPIOB, &GPIO_InitStructure);                    //初始化

GPIO_InitStructure.GPIO_Pin=GPIO_Pin_6|GPIO_Pin_7|GPIO_Pin_8|GPIO_Pin_9;
GPIO_Init(GPIOC, &GPIO_InitStructure);                    //初始化

GPIO_InitStructure.GPIO_Pin = GPIO_Pin_4|GPIO_Pin_5|GPIO_Pin_6;
GPIO_Init(GPIOE, &GPIO_InitStructure);                    //初始化

GPIO_PinAFConfig(GPIOA,GPIO_PinSource4,GPIO_AF_DCMI);
GPIO_PinAFConfig(GPIOA,GPIO_PinSource6,GPIO_AF_DCMI);
GPIO_PinAFConfig(GPIOB,GPIO_PinSource7,GPIO_AF_DCMI);
GPIO_PinAFConfig(GPIOB,GPIO_PinSource6,GPIO_AF_DCMI);
GPIO_PinAFConfig(GPIOC,GPIO_PinSource6,GPIO_AF_DCMI);
GPIO_PinAFConfig(GPIOC,GPIO_PinSource8,GPIO_AF_DCMI);
GPIO_PinAFConfig(GPIOC,GPIO_PinSource9,GPIO_AF_DCMI);
GPIO_PinAFConfig(GPIOE,GPIO_PinSource4,GPIO_AF_DCMI);
GPIO_PinAFConfig(GPIOC,GPIO_PinSource7,GPIO_AF_DCMI);
GPIO_PinAFConfig(GPIOE,GPIO_PinSource5,GPIO_AF_DCMI);
GPIO_PinAFConfig(GPIOE,GPIO_PinSource6,GPIO_AF_DCMI);

DCMI_DeInit();        //清除原来的设置

DCMI_InitStructure.DCMI_CaptureMode=DCMI_CaptureMode_Continuous;        //连续模式
DCMI_InitStructure.DCMI_CaptureRate=DCMI_CaptureRate_All_Frame;         //全帧捕获
DCMI_InitStructure.DCMI_ExtendedDataMode= DCMI_ExtendedDataMode_8b;
DCMI_InitStructure.DCMI_HSPolarity= DCMI_HSPolarity_Low;        //HSYNC 低电平有效
DCMI_InitStructure.DCMI_PCKPolarity= DCMI_PCKPolarity_Rising;   //PCLK 上升沿有效
DCMI_InitStructure.DCMI_SynchroMode=DCMI_SynchroMode_Hardware;
DCMI_InitStructure.DCMI_VSPolarity=DCMI_VSPolarity_Low;     //VSYNC 低电平有效
DCMI_Init(&DCMI_InitStructure);

DCMI_ITConfig(DCMI_IT_FRAME,ENABLE);        //开启帧中断

DCMI_Cmd(ENABLE);      //DCMI 使能

NVIC_InitStructure.NVIC_IRQChannel = DCMI_IRQn;
NVIC_InitStructure.NVIC_IRQChannelPreemptionPriority=2;        //抢占优先级 1
NVIC_InitStructure.NVIC_IRQChannelSubPriority =2;              //子优先级 3
NVIC_InitStructure.NVIC_IRQChannelCmd = ENABLE;                //IRQ 通道使能
```

```
NVIC_Init(&NVIC_InitStructure);        //根据指定的参数初始化 VIC 寄存器

DCMI_InitStructure.DCMI_CaptureMode=DCMI_CaptureMode_Continuous;        //连续模式
DCMI_InitStructure.DCMI_CaptureRate=DCMI_CaptureRate_All_Frame;        //全帧捕获
DCMI_InitStructure.DCMI_ExtendedDataMode= DCMI_ExtendedDataMode_8b;
DCMI_InitStructure.DCMI_HSPolarity= hsync<<6;        //HSYNC 低电平有效
DCMI_InitStructure.DCMI_PCKPolarity= pclk<<5;        //PCLK 上升沿有效
DCMI_InitStructure.DCMI_SynchroMode= DCMI_SynchroMode_Hardware;
DCMI_InitStructure.DCMI_VSPolarity=vsync<<7;        //VSYNC 低电平有效
DCMI_Init(&DCMI_InitStructure);

DCMI_CaptureCmd(ENABLE);        //DCMI 捕获使能
DCMI_Cmd(ENABLE);        //DCMI 使能
------------------------------------------------------------------------------------------------
------------------------------------------代码清单 2.2-14------------------------------------------
void Delay(uint32_t delay_num)
{
     uint32_t i;
  while(delay_num--){
       for(i=0;i<3000;i++)
           {
             __nop();
           }
     }
}
int main(void)
{
  GPIO_InitTypeDef   GPIO_InitStructure;
  RCC_AHB1PeriphClockCmd(RCC_AHB1Periph_GPIOC, ENABLE);
  delay_init(168);
  GPIO_InitStructure.GPIO_Pin = GPIO_Pin_1;
  GPIO_InitStructure.GPIO_Mode = GPIO_Mode_OUT;
  GPIO_InitStructure.GPIO_OType = GPIO_OType_PP;
  GPIO_InitStructure.GPIO_Speed = GPIO_Speed_100MHz;
  GPIO_InitStructure.GPIO_PuPd = GPIO_PuPd_UP;
  GPIO_Init(GPIOC, &GPIO_InitStructure);

     LCD_Init();
```

```
    POINT_COLOR=RED;
    LCD_ShowString(10,600,479,24,24,"Wolverine-Team!");
    LCD_ShowString(30,630,479,24,24,"DCMI Test!");

    while(OV2640_Init())          //初始化 OV2640
    {
        LCD_ShowString(30,130,240,16,16,"OV2640 ERR");
        delay_ms(200);
        LCD_Fill(30,130,239,170,WHITE);
        delay_ms(200);
    }
  CAM_dis();
  while(1){
        GPIO(C,1,O) = 1;
        Delay(1200);
        GPIO(C,1,O) = 0;
        Delay(1200);
    }
}
```

---

3. 实验现象

如图 2.2-53 和图 2.2-54 所示，找到资料包里的工程文件，打开代码后先点击编译按钮，编译完成没有错误，则可直接点击下载按钮下载代码。如果需要调试，单步运行代码，就点击 Debug 按钮。下载完成后就会看到 LCD 显示图像，如图 2.2-55 所示。

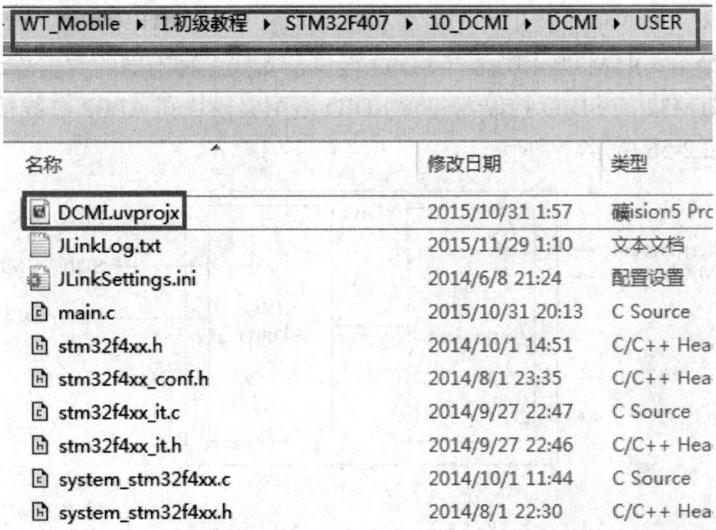

WT_Mobile ▸ 1.初级教程 ▸ STM32F407 ▸ 10_DCMI ▸ DCMI ▸ USER

名称	修改日期	类型
DCMI.uvprojx	2015/10/31 1:57	礦ision5 Prc
JLinkLog.txt	2015/11/29 1:10	文本文档
JLinkSettings.ini	2014/6/8 21:24	配置设置
main.c	2015/10/31 20:13	C Source
stm32f4xx.h	2014/10/1 14:51	C/C++ Hea
stm32f4xx_conf.h	2014/8/1 23:35	C/C++ Hea
stm32f4xx_it.c	2014/9/27 22:47	C Source
stm32f4xx_it.h	2014/9/27 22:46	C/C++ Hea
system_stm32f4xx.c	2014/10/1 11:44	C Source
system_stm32f4xx.h	2014/8/1 22:30	C/C++ Hea

图 2.2-53

图 2.2-54

图 2.2-55

2.2.11 SDIO

1. SDIO 介绍

Secure Digital Input/Output Interface 即安全数字输入/输出接口，缩写为 SDIO。SDIO 控制器支持多媒体卡、SD 卡等，只需要少数几个 I/O 口即可外扩一个高达 32 GB 的外部存储器，容量为几十兆字节到几十吉字节不等，更换方便、编程简单，最主要是体积小，非常适合单片使用。STM32F407 带有 SDIO 接口，支持三种不同的数据总线模式：1 位、4 位和 8 位。STM32 的 SDIO 控制器包含 SDIO 适配器模块和 APB2 总线接口两个部分，功能框图如图 2.2-56 所示。

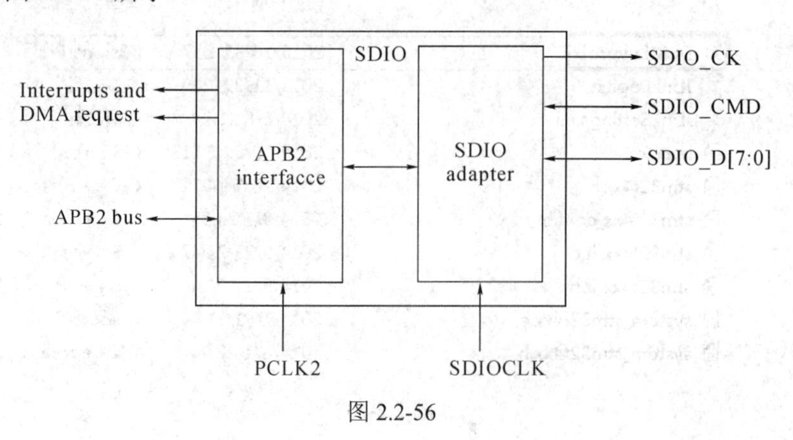

图 2.2-56

2. 实验过程

SDIO 实验通过串口模块连接电脑，SDIO 接口读写 TF 卡中的信息，然后通过串口传输给电脑，在串口调试助手上打印出相关信息。硬件连接电路图如图 2.2-57 所示。

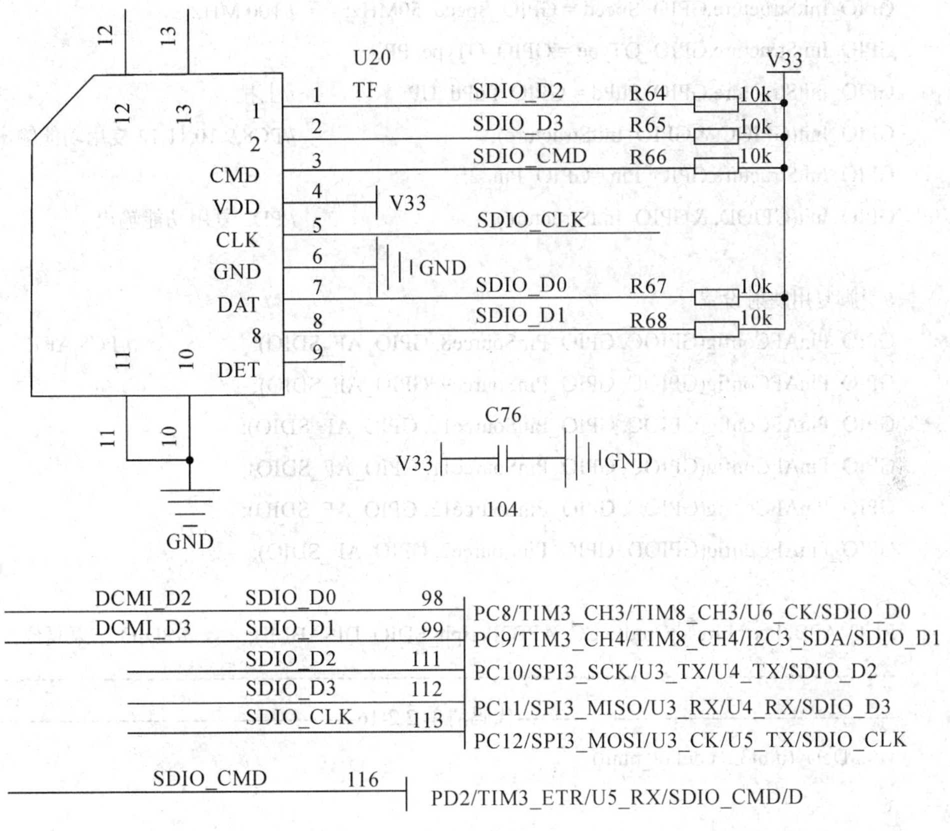

图 2.2-57

TF 卡分别与 PC8～12 以及 PD2 引脚相连，对 PC8～12、PD2 引脚以及 SDIO 模块进行配置。由于使用串口打印 TF 卡的数据，所以需进行串口配置(参考前面章节)。SDIO 的配置代码(通过调用官方库)如清单 2.2-15 所示，实验代码如清单 2.2-16 所示。

--代码清单 2.2-15--

```
GPIO_InitTypeDef   GPIO_InitStructure;
NVIC_InitTypeDef   NVIC_InitStructure;

SD_Error errorstatus=SD_OK;
u8 clkdiv=0;
RCC_AHB1PeriphClockCmd(RCC_AHB1Periph_GPIOC
                        |RCC_AHB1Periph_GPIOD
                        |RCC_AHB1Periph_DMA2, ENABLE);
                        //使能 GPIOC, GPIOD DMA2 时钟
RCC_APB2PeriphClockCmd(RCC_APB2Periph_SDIO, ENABLE);        //SDIO 时钟使能
RCC_APB2PeriphResetCmd(RCC_APB2Periph_SDIO, ENABLE);        //SDIO 复位
```

```
GPIO_InitStructure.GPIO_Pin=GPIO_Pin_8 | GPIO_Pin_9 | GPIO_Pin_10 | GPIO_Pin_11
                          |GPIO_Pin_12;        // PC8, 9, 10, 11, 12 复用功能输出
GPIO_InitStructure.GPIO_Mode = GPIO_Mode_AF;              //复用功能
GPIO_InitStructure.GPIO_Speed = GPIO_Speed_50MHz;         //100 MHz
GPIO_InitStructure.GPIO_OType = GPIO_OType_PP;
GPIO_InitStructure.GPIO_PuPd = GPIO_PuPd_UP;              //上拉
GPIO_Init(GPIOC, &GPIO_InitStructure);                    //PC8,9,10,11,12 复用功能输出
GPIO_InitStructure.GPIO_Pin =GPIO_Pin_2;
GPIO_Init(GPIOD, &GPIO_InitStructure);                    //PD2 复用功能输出

//引脚复用映射设置
GPIO_PinAFConfig(GPIOC, GPIO_PinSource8, GPIO_AF_SDIO);             //PC8,AF12
GPIO_PinAFConfig(GPIOC, GPIO_PinSource9, GPIO_AF_SDIO);
GPIO_PinAFConfig(GPIOC, GPIO_PinSource10, GPIO_AF_SDIO);
GPIO_PinAFConfig(GPIOC, GPIO_PinSource11, GPIO_AF_SDIO);
GPIO_PinAFConfig(GPIOC, GPIO_PinSource12, GPIO_AF_SDIO);
GPIO_PinAFConfig(GPIOD, GPIO_PinSource2, GPIO_AF_SDIO);

RCC_APB2PeriphResetCmd(RCC_APB2Periph_SDIO, DISABLE);       //SDIO 结束复位
---------------------------------------------------------------------------------
```

```
--------------------------------代码清单 2.2-16--------------------------------
void Delay(uint32_t delay_num)
{
    uint32_t i;
    while(delay_num--){
      for(i=0; i<3000; i++)
        {
          __nop();
        }
    }
}
void uart1_init(u32 bound){
    //GPIO 端口设置
    GPIO_InitTypeDef GPIO_InitStructure;
    USART_InitTypeDef USART_InitStructure;

    RCC_AHB1PeriphClockCmd(RCC_AHB1Periph_GPIOA, ENABLE);  //使能 GPIOA 时钟
    RCC_APB2PeriphClockCmd(RCC_APB2Periph_USART1, ENABLE); //使能 USART1 时钟
```

```
    //串口 1 对应引脚复用映射
    GPIO_PinAFConfig(GPIOA,GPIO_PinSource9, GPIO_AF_USART1);
    //GPIOA9 复用为 USART1
    GPIO_PinAFConfig(GPIOA,GPIO_PinSource10, GPIO_AF_USART1);
    //GPIOA10 复用为 USART1

    //USART1 端口配置
    GPIO_InitStructure.GPIO_Pin = GPIO_Pin_9 | GPIO_Pin_10; //GPIOA9 与 GPIOA10
    GPIO_InitStructure.GPIO_Mode = GPIO_Mode_AF;        //复用功能
    GPIO_InitStructure.GPIO_Speed = GPIO_Speed_50MHz;   //速度 50 MHz
    GPIO_InitStructure.GPIO_OType = GPIO_OType_PP;      //推挽复用输出
    GPIO_InitStructure.GPIO_PuPd = GPIO_PuPd_UP;        //上拉
    GPIO_Init(GPIOA,&GPIO_InitStructure);               //初始化 PA9，PA10

    //USART1  初始化设置
    USART_InitStructure.USART_BaudRate = bound;                 //波特率设置
    USART_InitStructure.USART_WordLength = USART_WordLength_8b;
    //字长为 8 位数据格式
    USART_InitStructure.USART_StopBits = USART_StopBits_1;      //一个停止位
    USART_InitStructure.USART_Parity = USART_Parity_No;         //无奇偶校验位
    USART_InitStructure.USART_HardwareFlowControl =
    USART_HardwareFlowControl_None;                     //无硬件数据流控制
    USART_InitStructure.USART_Mode = USART_Mode_Rx | USART_Mode_Tx;    //收发模式
    USART_Init(USART1, &USART_InitStructure);           //初始化串口 1
    USART_Cmd(USART1, ENABLE);                          //使能串口 1
    USART_ClearFlag(USART1, USART_FLAG_TC);
}
void Print_String(USART_TypeDef* USARTx,u8 *str)
{
    while(*str != 0)
    {
        USART_SendData(USARTx, *str);
        while(USART_GetFlagStatus(USART1, USART_FLAG_TC) != SET);
        str++;
    }
}
int main(void)
{
    u8 TF_Data[512];
```

```
    u16 i,j;
    GPIO_InitTypeDef  GPIO_InitStructure;
    RCC_AHB1PeriphClockCmd(RCC_AHB1Periph_GPIOC, ENABLE);

    GPIO_InitStructure.GPIO_Pin = GPIO_Pin_1;
    GPIO_InitStructure.GPIO_Mode = GPIO_Mode_OUT;
    GPIO_InitStructure.GPIO_OType = GPIO_OType_PP;
    GPIO_InitStructure.GPIO_Speed = GPIO_Speed_100MHz;
    GPIO_InitStructure.GPIO_PuPd = GPIO_PuPd_UP;
    GPIO_Init(GPIOC, &GPIO_InitStructure);
    uart1_init(115200);
    Print_String(USART1, "\n\rWolverine-Team!\n\rTF_Card Test!\n\r");
    Print_String(USART1, "\n\rTF_Card Init!\n\r");
    while(SD_Init()){}
    Print_String(USART1,"\n\rTF_Card OK!\n\r");
    while(1)
    {
        for(i=0;i<2;i++)
        {
            if(SD_ReadDisk(TF_Data, (i*512), 1) == 0)
            {
                for(j=0; j<512; j++)
                {
                    USART_SendData(USART1, TF_Data[j]);
                    while(USART_GetFlagStatus(USART1, USART_FLAG_TC)!=SET);
                }
            }
            USART_SendData(USART1, '\n');
        while(USART_GetFlagStatus(USART1, USART_FLAG_TC) != SET);
            GPIO_SetBits(GPIOC, GPIO_Pin_1);
            Delay(600);
            GPIO_ResetBits(GPIOC, GPIO_Pin_1);
            Delay(600);
        }
        Delay(6000);
    }
}
```

---

3. 实验现象

如图 2.2-58 和图 2.2-59 所示，找到资料包里的工程文件，打开代码后先点击编译按钮，编译完成没有错误，则可直接点击下载按钮下载代码。如果需要调试，单步运行代码，就点击 Debug 按钮。下载完成后就会看到串口调试助手打印出的相关信息，如图 2.2-60 所示。

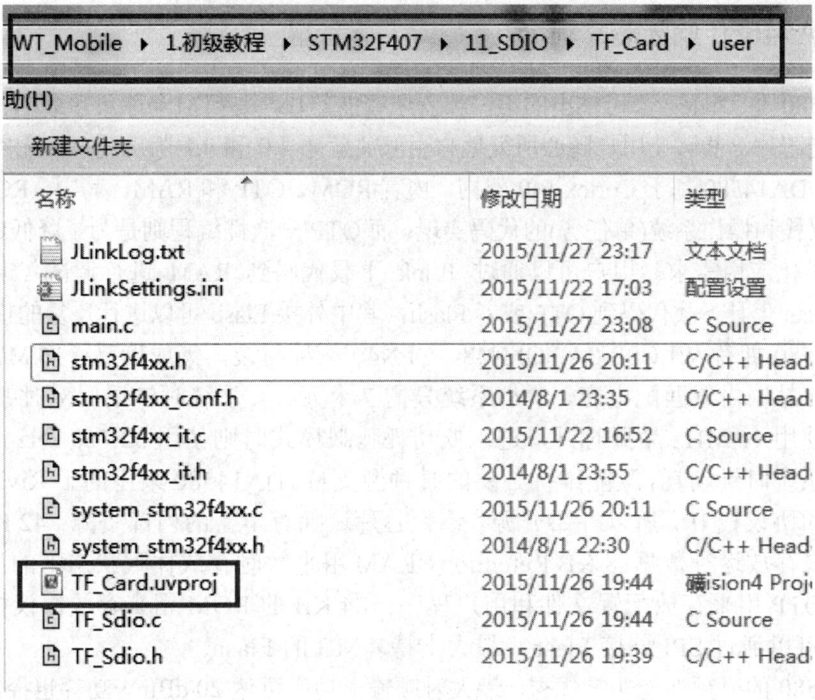

WT_Mobile ▸ 1.初级教程 ▸ STM32F407 ▸ 11_SDIO ▸ TF_Card ▸ user

助(H)

新建文件夹

名称	修改日期	类型
JLinkLog.txt	2015/11/27 23:17	文本文档
JLinkSettings.ini	2015/11/22 17:03	配置设置
main.c	2015/11/27 23:08	C Source
stm32f4xx.h	2015/11/26 20:11	C/C++ Head
stm32f4xx_conf.h	2014/8/1 23:35	C/C++ Head
stm32f4xx_it.c	2015/11/22 16:52	C Source
stm32f4xx_it.h	2014/8/1 23:55	C/C++ Head
system_stm32f4xx.c	2015/11/26 20:11	C Source
system_stm32f4xx.h	2014/8/1 22:30	C/C++ Head
TF_Card.uvproj	2015/11/26 19:44	礦ision4 Proj
TF_Sdio.c	2015/11/26 19:44	C Source
TF_Sdio.h	2015/11/26 19:39	C/C++ Head

图 2.2-58

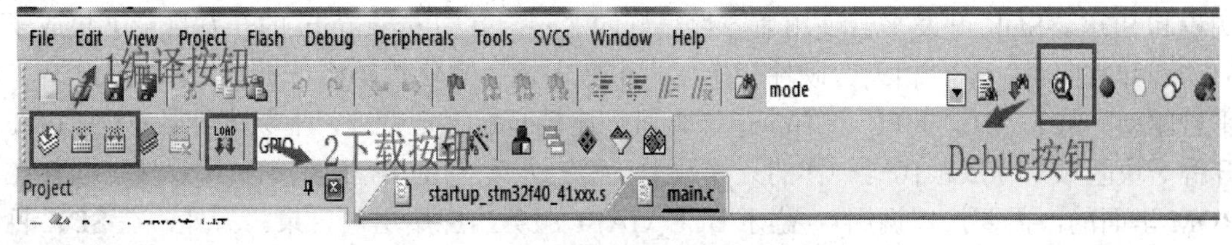

图 2.2-59

Wolverine-Team!

TF_Card Test!

TF_Card Init!

TF_Card OK!

图 2.2-60

2.3 DA14580 蓝牙芯片开发

2.3.1 DA14580 蓝牙芯片简介

DA14580 是 Dialog 公司推出的第一款蓝牙智能芯片，是目前全球尺寸最小、功耗最低的蓝牙智能芯片，能够让用户随心所欲地自由开放蓝牙 4.0 和 4.1 版应用，而无需做出任何性能牺牲。DA14580 基于 Cortex-M0 架构，内置 ROM、OTP 和 RAM。其中，ROM 固化了大部分协议栈和操作系统(单任务)的代码实现，而 OTP 一次性编程则是为了降低成本，实现用户的差异化应用需求。用户可以通过 JLink 下载代码到 RAM 进行调试，也可以通过 SmartSnippets 工具下载代码到 OTP 或者 Flash，其中外接 Flash 可以进行反复的代码烧写。

DA14580 拥有 WLCSP-34、QFN48、QFN40 三种封装，集成度高，16 MHz 晶振和 32.768 kHz 晶振内置匹配电容，最小系统只需 7 个元件。系统时钟采用双时钟方式，正常工作时使用 16 MHz 晶振时钟，进入低功耗睡眠模式时则使用 32.768 kHz 晶振时钟，既能降低系统时钟功耗，又能维持必要的时钟源支持。DA14580 采用的了 Riviera Waves 公司授权的协议栈 IP，所以并不开源。该款芯片还拥有丰富的内部资源：42 KB System SRAM 用来存放运行数据；8 KB Retention SRAM 用来暂时存放休眠状态下的运行数据；32 KB 的 OTP 用来存放配置文件和用户程序；84 KB 的 ROM 用来存放协议栈。此外，DA14580 可以通过 SPI 外接 Flash，最大支持 4 MB 的 Flash。

DA14580 的射频性能非常优秀，最大射频输出功率可达 20 dBm，功耗也控制得很好，收发电流仅为 4.9 mA，比其他同类蓝牙智能解决方案低 50%。DA14580 提供丰富的开发例程和 SDK。SDK 开发平台使用兼容性很好的 Keil，其中 proximity 的开发目录下集成了启动和异常向量，平台相关、硬件初始化、中断向量、固化代码修正机制，修正代码库，平台驱动、SPI、I2C、GPIO、Timer 等驱动，连接匹配绑定管理，非易失性数据(在 OTP 开辟一块区域来存放跟代码一样的只读数据)，第三方读/写的 IP 相关接口(协议栈是固化在 ROM 里面的，需要接口调用)，蓝牙 BLE_GATT 服务，应用层等目录。另外，在 SDK 目录框架下，集成了 IDE 工程配置、固化代码接口地址信息、固化代码修正库文件、链接文件、代码存储配置、源码、SOC 头文件、寄存器地址映射表、蓝牙协议栈 IP 相关、平台相关驱动等目录。相应的 SDK 文件可以到 Dialog 官网下载，也可以到我们提供的论坛社区下载。

2.3.2 GPIO

1. GPIO 介绍

DA14580 的 I/O 引脚功能可以通过软件进行配置，分为 4 组，分别为 Port0、Port1、Port2、Port3，其中 Port2 只在 QFN40 与 QFN48 封装的芯片中，Port3 只在 QFN48 封装的芯片中。

Port0 有 8 个引脚，Port1 有 6 个引脚(其中包括 DEBUG 引脚 SW_CLK 与 SWDIO)，

Port2 有 10 个引脚，Port3 有 8 个引脚；每个引脚都可以选择上拉或者下拉 25 kΩ 的电阻；每个引脚的上拉电压有 VBAT3V(降压模式)与 VBAT1V(升压模式)两种模式可选；4 路模/数转换的引脚固定分配为 Port0 中的 0～3 引脚；当系统进入睡眠模式时，引脚保持最后的状态。

2. 实验过程与现象

套件上部有一个可控 LED，接在 DA14580 的 P24 引脚，LED 串联 1 kΩ 的限流电阻，如图 2.3-1 所示。

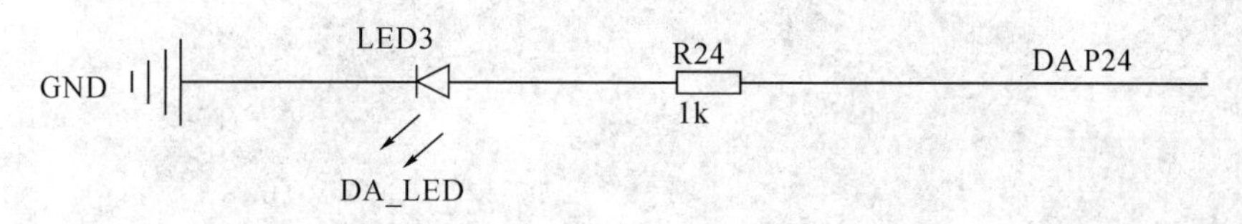

图 2.3-1

如图 2.3-2 和图 2.3-3 所示，找到资料包里的工程文件，打开代码后先点击编译按钮，编译完成没有错误，则可直接点下载按钮下载代码。如果需要调试，单步运行代码，就点击 Debug 按钮。下载完成后就会看到蓝色 LED 灯开始闪烁，如图 2.3-4 所示。

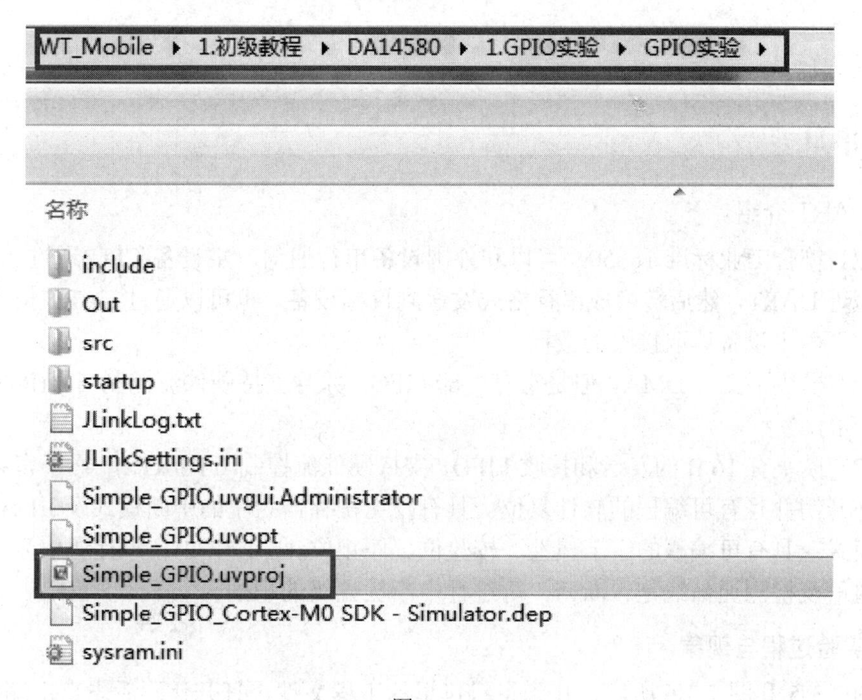

图 2.3-2

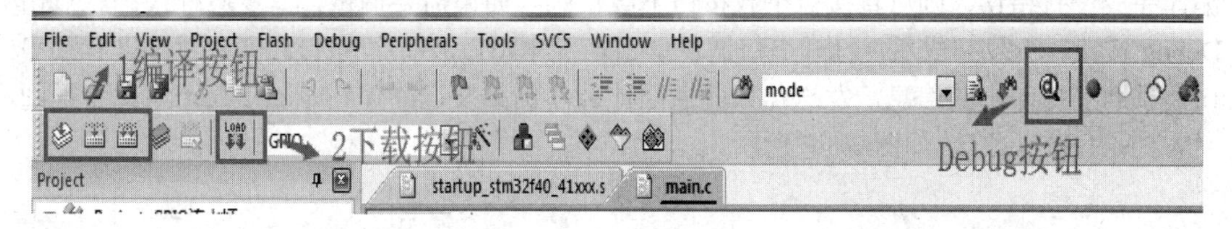

图 2.3-3

图 2.3-4

2.3.3　串口

1. UART 介绍

UART 符合工业标准 16550，可以和外围设备串行通信。主设备(CPU)通过 APB 总线将数据写进 UART，然后转换成串行格式发送到目标设备。也可以通过 UART 接收存储串行数据，再由主设备读取接收的数据。

UART 模块不支持 DMA，但是它有内部 FIFO，并且支持硬件流控制信号(RTS、CTS、DTR、DSR)。

UART 模块有 16 B 的发送和接收 FIFO，支持硬件流控制(CTS/RTS)；影子寄存器可以减少软件开销并且有可编程的软件复位；具有发送寄存器为空的中断模式及 IrDA 1.0 SIR 低功耗模式；具有可编程的字节属性、校验位、停止位(1，1.5，2)、串行通信波特率；可以断开通信及检测通信线是否断开；可进行中断优先级的识别。

2. 实验过程与现象

如图 2.3-5 和图 2.3-6 所示，找到资料包里的工程文件，打开代码后先点击编译按钮，编译完成没有错误，则可直接点下载按钮下载代码。如果需要调试，单步运行代码就点击 Debug 按钮。下载完成后，打开串口调试助手连接串口，波特率为 115200，就可以看到串口调试助手打印出的信息，发送什么就返回什么，例如发送“WT Mobile Test!”就会返回“WT Mobile Test!”，如图 2.3-7 所示。

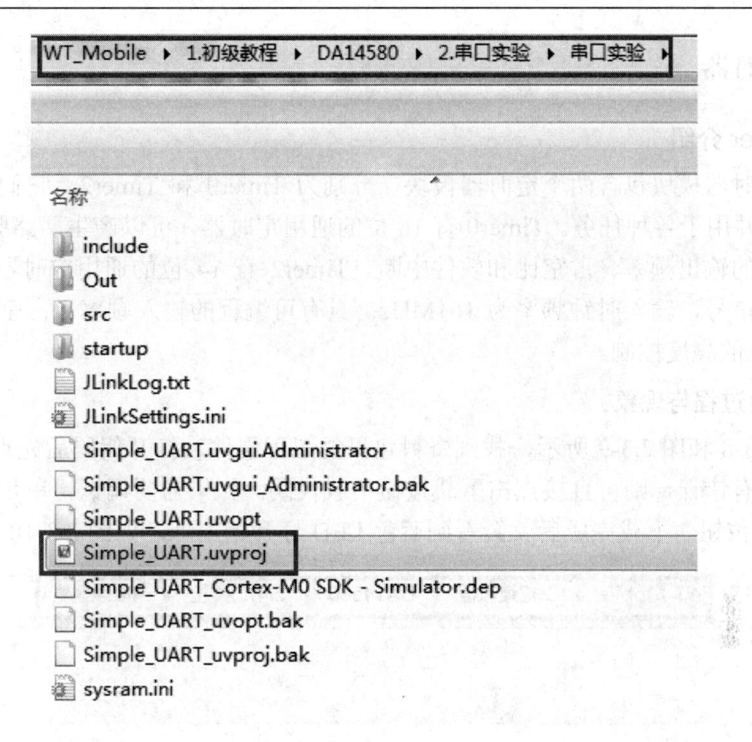

图 2.3-5

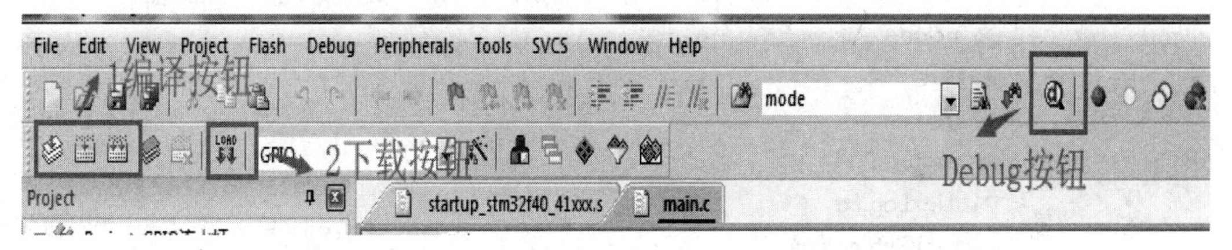

图 2.3-6

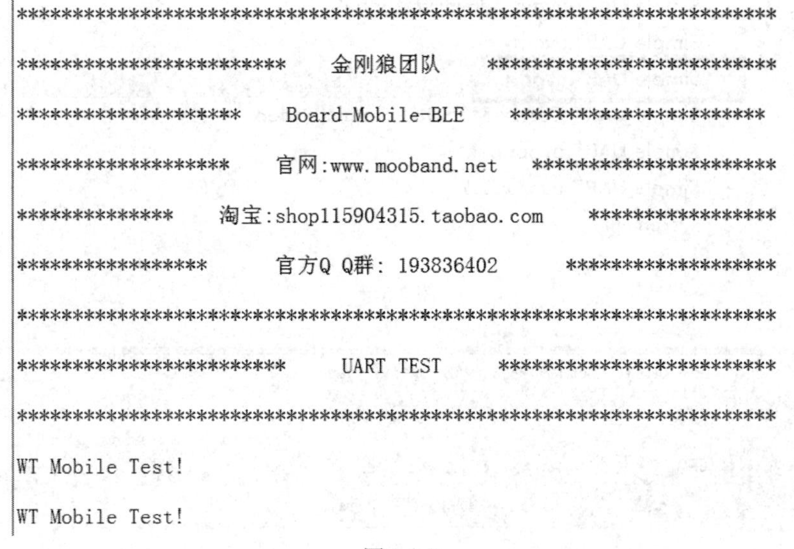

图 2.3-7

2.3.4　定时器

1. Timer 介绍

软件定时器模块包含两个定时器模块，分别为 Timer0 和 Timer2。它们可以通过软件控制、编程并用于各种任务。Timer0 有 16 位的通用定时器，可以产生两路脉宽调制信号，具有可编程的输出频率、占空比和软件中断。Timer2 有 14 位的通用定时器，可以产生 3 路脉宽调制信号，输入时钟频率为 16 MHz；具有可编程的输入频率，占空比可调，可用于白色 LED 的亮度控制。

2. 实验过程与现象

如图 2.3-8 和图 2.3-9 所示，找到资料包里的工程文件，打开代码后先点击编译按钮，编译完成没有错误，则可直接点击下载按钮下载代码。如果需要调试，单步运行代码，就点击 Debug 按钮。下载完成后就会看到蓝色 LED 灯开始闪烁，如图 2.3-10 所示。

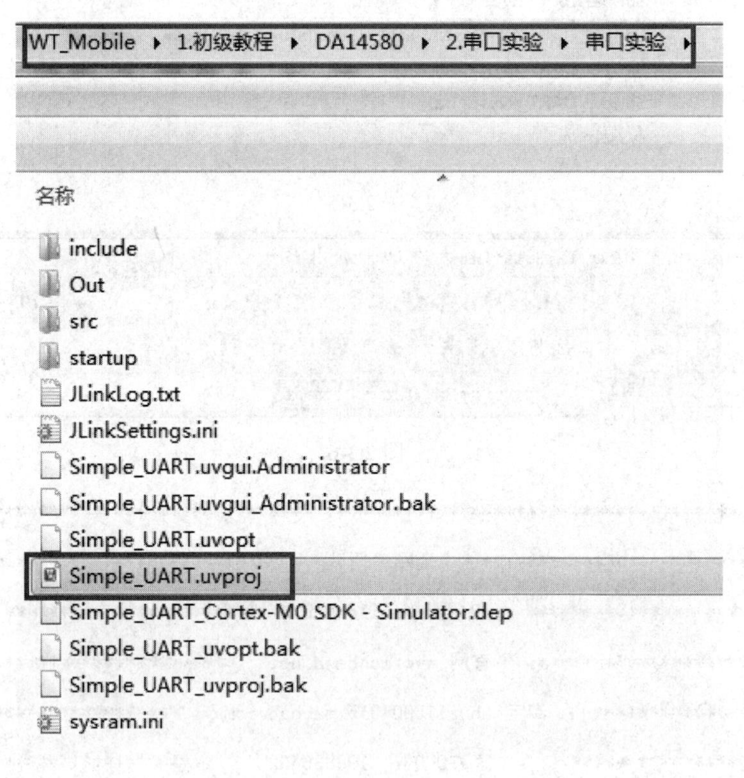

图 2.3-8

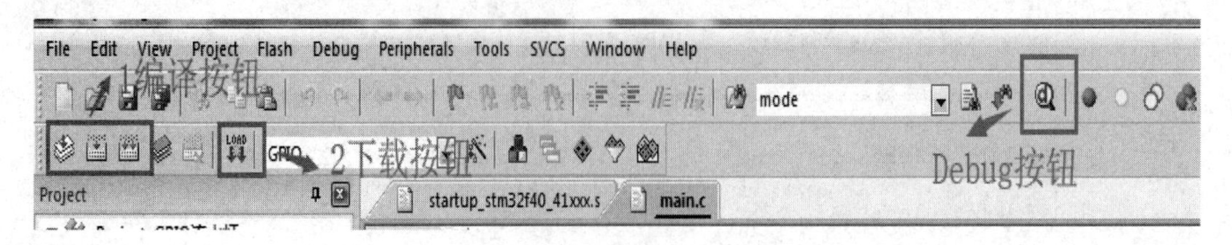

图 2.3-9

图 2.3-10

2.3.5　中断

1. 中断介绍

芯片内部有嵌套中断向量控制器(Nested Vectored Interrupt Controller，NVIC)，支持 24 个中断，能够进行中断配置与异常代码处理。当发生中断请求时，自动执行对应的中断函数，不需要软件确定异常向量。中断可以有 4 个不同的可编程的优先级，NVIC 自动处理嵌套中断。对于安全关键系统，有不可屏蔽中断(NMI，Non maskable interrupt)输入。

DA14580 内部有一个键盘控制器，可以用于延迟 GPIO 信号进入的时间，可以检测所有的 I/O 口的电平变化。当检测到信号时，可以产生中断(KEYBR_IRQ)。另外，有 5 个中断(GPIOn_IRQ)可以被 GPIO 口触发。

2. 实验过程和现象

如图 2.3-11 所示，找到我们提供的资料包里的工程文件。

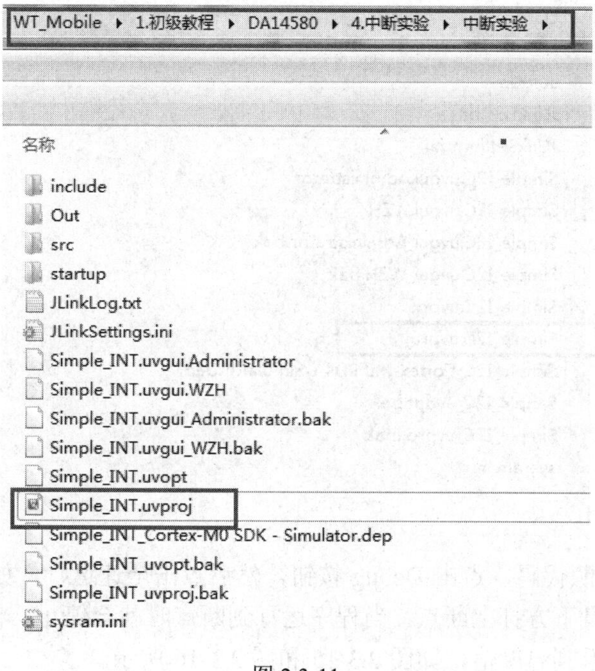

WT_Mobile ▸ 1.初级教程 ▸ DA14580 ▸ 4.中断实验 ▸ 中断实验 ▸

名称

include
Out
src
startup
JLinkLog.txt
JLinkSettings.ini
Simple_INT.uvgui.Administrator
Simple_INT.uvgui.WZH
Simple_INT.uvgui_Administrator.bak
Simple_INT.uvgui_WZH.bak
Simple_INT.uvopt
Simple_INT.uvproj
Simple_INT_Cortex-M0 SDK - Simulator.dep
Simple_INT_uvopt.bak
Simple_INT_uvproj.bak
sysram.ini

图 2.3-11

在 Keil 中编译源代码，点击 Debug 按钮，然后点击全速运行，如图 2.3-12 所示。

File Edit View Project Flash Debug Peripherals Tools SVCS Window Help
编译按钮
mode
BLINKY
Debug按钮
Project
main.c
File Edit View Project Flash Debug Peripherals Tools SVCS Window Help
mode
全速运行
Registers
Disassembly

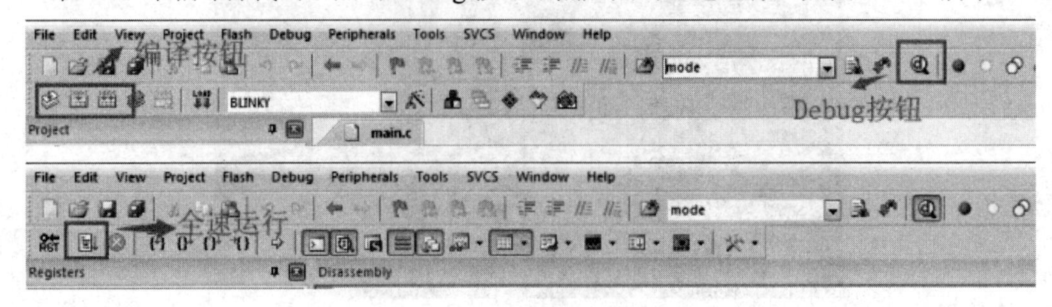

图 2.3-12

全速运行之后，将杜邦线的一头接在 3.3V 引脚上，另一头碰一下 P13 引脚，即可进入 P13 对应的外部中断，执行中断内的程序(点亮 LED)；碰一下 P12 引脚，则进入 P12 对应的外部中断，执行中断中的程序(关闭 LED)。注意，因为中断触发方式为边沿触发，碰上之后断开才有效。

2.3.6 I²C

如图 2.3-13 所示，打开资料包里的工程文件。

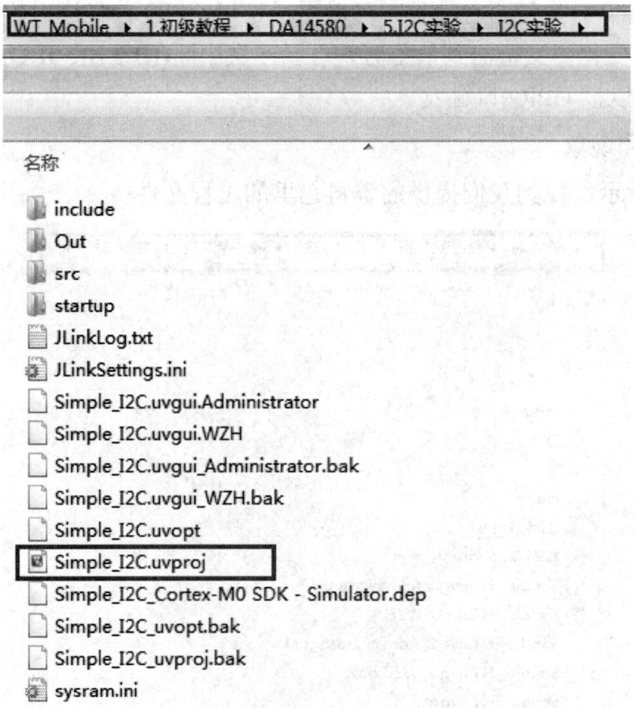

WT Mobile ▸ 1.初级教程 ▸ DA14580 ▸ 5.I2C实验 ▸ I2C实验 ▸
名称
include
Out
src
startup
JLinkLog.txt
JLinkSettings.ini
Simple_I2C.uvgui.Administrator
Simple_I2C.uvgui.WZH
Simple_I2C.uvgui_Administrator.bak
Simple_I2C.uvgui_WZH.bak
Simple_I2C.uvopt
Simple_I2C.uvproj
Simple_I2C_Cortex-M0 SDK - Simulator.dep
Simple_I2C_uvopt.bak
Simple_I2C_uvproj.bak
sysram.ini

图 2.3-13

在 Keil 中编译源代码，点击 Debug 按钮，然后点击全速运行，如图 2.3-14 所示。在存储温度数据的变量下方打上断点，当程序运行到断点时就会停止。将该变量添加进变量查看窗口中，可以看到温度值，如图 2.3-15 和图 2.3-16 所示。

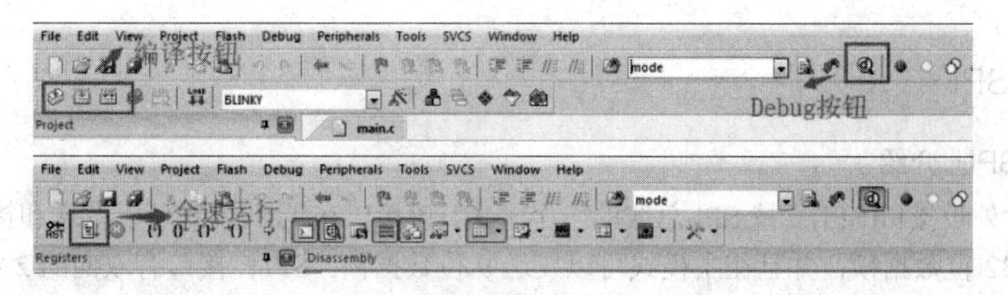

图 2.3-14

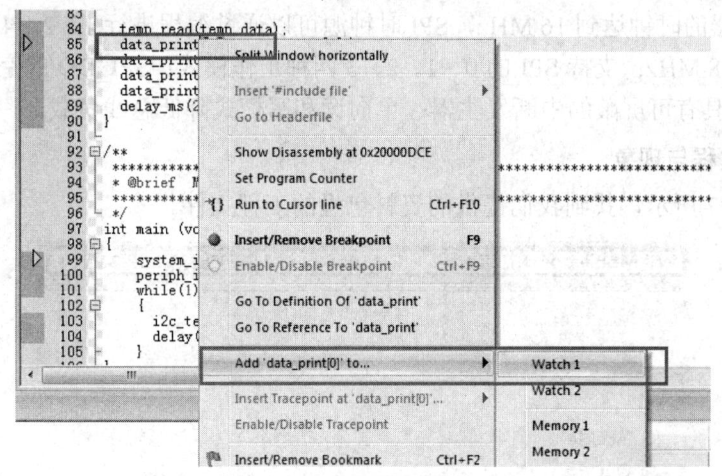

图 2.3-15

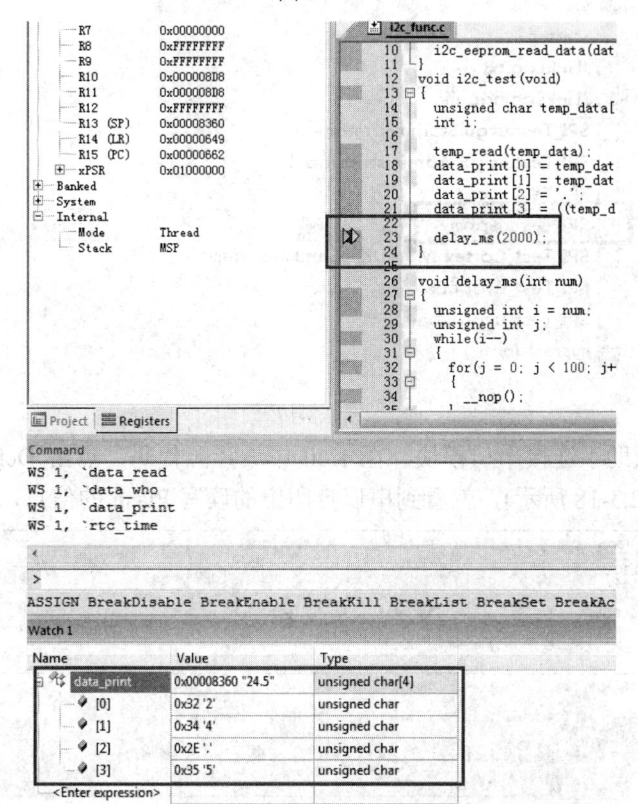

图 2.3-16

2.3.7　SPI

1. SPI+ 介绍

串行外设接口(SPI)支持 SPI 总线的一个子集。该接口在主/从模式可以发送和接收 8 位、16 位或 32 位数据帧，并且在主模式可以发送 9 位数据帧。SPI+ 接口有双向的 2 × 16 B 的 FIFO，功能得到了增强。

SPI 控制器的时钟达到 16 MHz，SPI 时钟源可以通过编程进行 1、2、4、8 分频；SPI 的时钟线达到 8 MHz；支持 SPI 的 0、1、2、3 四种工作模式；SPI_DO 的空闲电平可以通过编程设置；具有可屏蔽的中断发生器；单向读和写模式降低总线负载。

2. 实验过程与现象

如图 2.3-17 所示，找到我们提供的资料包里的工程文件。

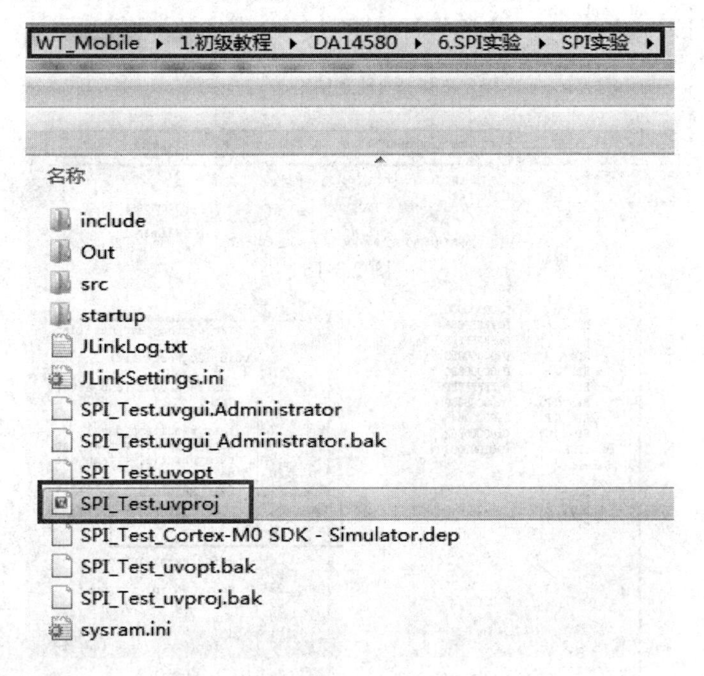

图 2.3-17

打开串口调试助手连接串口模块。在 Keil 中编译源代码，点击 Debug 按钮，然后点击全速运行(如图 2.3-18 所示)，就看到串口打印出的读写 Flash 的信息，如图 2.3-19 所示。

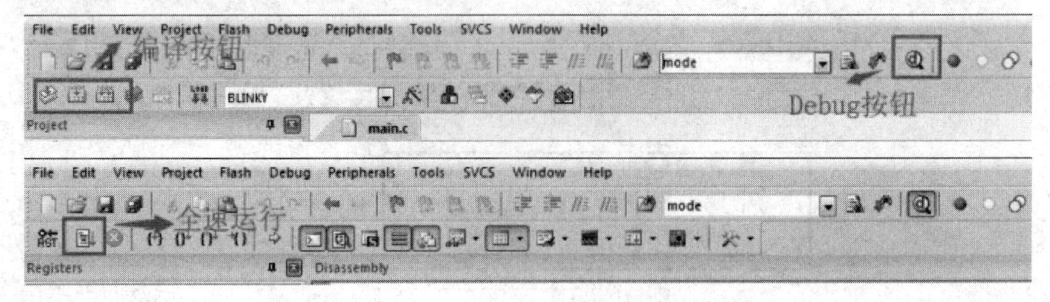

图 2.3-18

```
****************************************************************
************************    金刚狼团队    **********************
***********************  Board-Mobile-BLE  *********************
*******************    官网:www.mooband.net    ******************
**************    淘宝:shop115904315.taobao.com    **************
******************    官方Q Q群: 193836402    *******************
****************************************************************
************************    SPI测试    *************************
****************************************************************
SPI flash JEDEC ID is EF3012
You are using W25X20 (2-MBit) SPI flash device.


SPI flash Manufacturer/Device ID is EF11


is writing 256 Bytes...
Finish writing!
```

图 2.3-19

第三章　开发实战

3.1　电容触摸显示屏

3.1.1　TFT 显示屏

1. TFT-LCD 介绍

Thin Film Transistor-Liquid Crystal Display 即薄膜晶体管液晶显示器，缩写为 TFT-LCD。TFT-LCD 在液晶显示屏的每一个像素都设置有一个薄膜晶体管，可有效地克服非选通时的串扰，使显示液晶屏的静态特性与扫描线数无关，因此大大提高了图像质量。TFT-LCD 也被称为真彩液晶显示器。

2. TFT-LCD 驱动介绍

TFT-LCD 采用的驱动器是 NT35510，自带 LCD GRAM，无需外加独立驱动器，该模块采用 16 位 8080 并行接口，信号线如下：

LCD_CS：片选信号；

LCD_WR：写信号；

LCD_RD：读信号；

LCD_Data[0:15]：16 位数据信号；

LCD_RST：复位信号；

LCD_RS：命令/数据选择信号；

BL_CTR：背光控制信号(另外加入背光控制电路)。

在 16 位模式下，NT35510 采用 RGB565 格式存储颜色数据，最低 5 位代表蓝色，中间 6 位代表绿色，最高 5 位代表红色。

3.1.2　电容触摸屏

1. 电容触摸屏介绍

电容式触摸屏技术是利用人体的电流感应进行工作的。当手指触摸在金属层上时，由于人体电场，用户和触摸屏表面形成以一个耦合电容，对于高频电流来说，电容是直接导体，于是手指从接触点吸走一个很小的电流。这个电流从触摸屏四角上的电极中流出，电流大小与手指到四角的距离成正比。控制器通过对这四个电流比例的精确计算，得出触摸点的位置。电容屏要实现多点触控，靠的就是增加互电容的电极，简单地说，就是将屏幕分区，在每一个区域里设置一组互电容。各区域都是独立工作的，可以独立检测到各区域的触控情况，进行处理后，简单地实现多点触控。

电容式触摸屏主要分为以下两种：

(1) 表面电容式触摸屏。表面电容式触摸屏利用 ITO 导电膜，通过电场感应方式感测屏幕表面的触摸行为，这只能实现单点触控。

(2) 投射式电容触摸屏。投射式电容触摸屏可利用触摸屏电极发射出静电场线。一般用于投射电容传感技术的电容类型有两种：自我电容和交互电容。

电容触摸屏手感好，无需校准，支持多点触控，透光性能好，但是成本比较高、精度低、抗干扰能力差。一般需要一个驱动 IC 来检测电容触摸，通过 I^2C 接口进行配置读取数据等。开发套件中使用的是 4.3 寸的电容触摸屏，支持 5 点触控，驱动 IC 使用的是 GT9147。

2. GT9147 基础寄存器介绍

1) 控制命令寄存器(0x8040)

该寄存器可以写入不同值，实现不同的控制，我们一般使用 0 和 2 这两个值。一般在硬件复位之后，写入 2 进行软复位，然后写入 0 即可正常读取坐标数据。

2) 配置寄存器组(0x8047～0x8100)

这里共 186 个寄存器，用于配置 GT9147 的各个参数，这些配置一般由厂家直接提供。其中 0x8047 寄存器仅用于配置文件版本号，程序写入的版本号必须大于等于 GT9147 本地保存的版本号；0x80FF 寄存器用于存储校验和，使 0x8047～0x80FF 的数据和为 0；0x8100 用于控制是否将配置保存在本地，写 0 不保存，写 1 则保存。

3.1.3 硬件设计

在本节中，TFT-LCD 由主控芯片的 I/O 口直接驱动，主控芯片通过 I^2C 通信接口配置电容触摸屏并读取触摸屏的触摸点坐标信息。TFT-LCD 的电路设计如图 3.1-1 和图 3.1-2 所示，电容触摸屏的电路设计如图 3.1-3 所示。

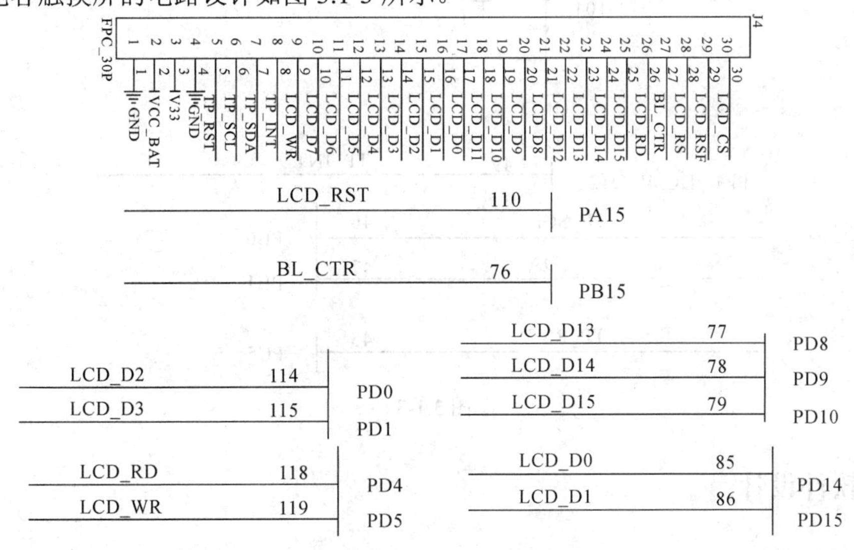

图 3.1-1

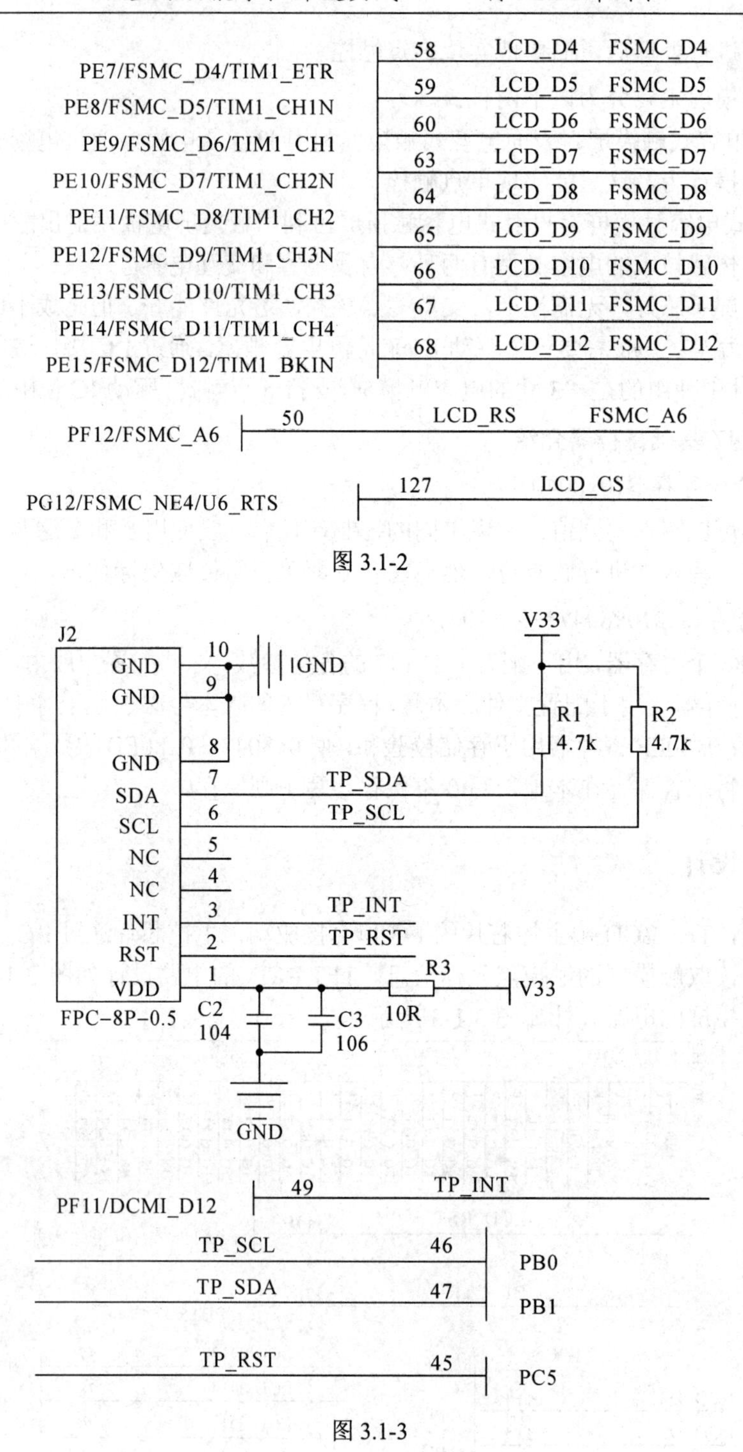

图 3.1-2

图 3.1-3

3.1.4　软件设计

电容触摸显示屏的程序设计包括 TFT-LCD 的驱动、GPIO 的初始化、定时器初始化、I^2C 的驱动、GT9147 的驱动和显示函数等，这里介绍的是主函数部分，代码如清单 3.1-1

所示，其他代码可以参考本书配套的代码资料。

---代码清单 3.1-1---

```
unsigned char dis_state = 0;
int main(void)
{
    GPIO_InitTypeDef    GPIO_InitStructure;
    NVIC_PriorityGroupConfig(NVIC_PriorityGroup_2);
    RCC_AHB1PeriphClockCmd(RCC_AHB1Periph_GPIOC, ENABLE);
    delay_init(168);

    GPIO_InitStructure.GPIO_Pin = GPIO_Pin_1;
    GPIO_InitStructure.GPIO_Mode = GPIO_Mode_OUT;
    GPIO_InitStructure.GPIO_OType = GPIO_OType_PP;
    GPIO_InitStructure.GPIO_Speed = GPIO_Speed_100MHz;
    GPIO_InitStructure.GPIO_PuPd = GPIO_PuPd_UP;
    GPIO_Init(GPIOC, &GPIO_InitStructure);

    TIM4_Int_Init(1249,8399);
    I2C_GPIO_Init();
    GT9147_Init();
    LCD_Init();
    main_dis();
    while(1)
    {
        GPIO(C,1,O) = 1;
        delay_ms(25);
        GPIO(C,1,O) = 0;
        delay_ms(25);
    }
}
```

3.1.5 实验现象

如图 3.1-4 和图 3.1-5 所示，找到资料包里的工程文件，打开代码后先点击编译按钮，编译完成没有错误，则可直接点击下载按钮下载代码。如果需要调试，单步运行代码，就点击 Debug 按钮。下载完成后就会看到屏幕上显示的文字和图标，点击其中任何一个图标可以进入对应的页面，如图 3.1-6 所示。

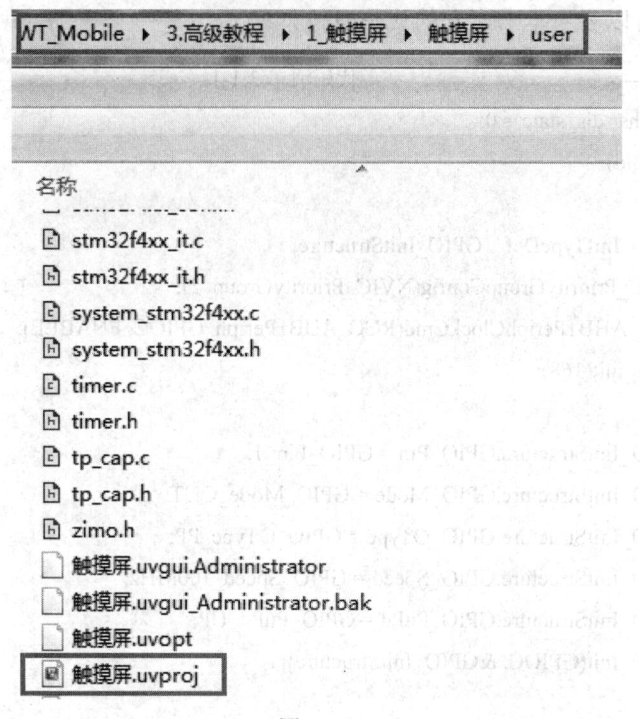

图 3.1-4

图 3.1-5

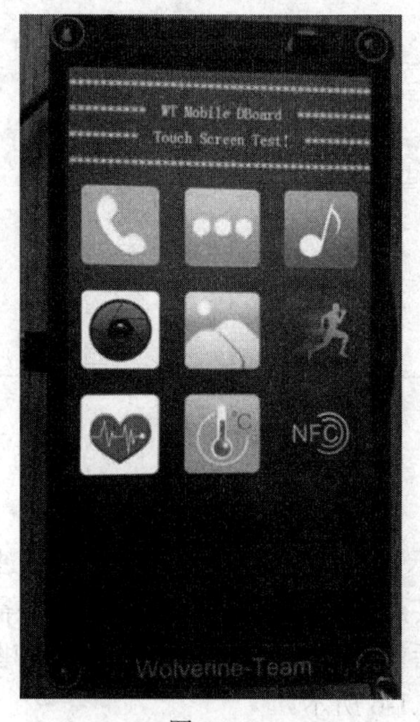

图 3.1-6

3.2 打电话和发短信

3.2.1 SIM900A

1. SIM900A 介绍

SIM900A 是专为中国大陆和印度市场设计的双频 GSM/GPRS 模块，工作的频段为 EGSM 900MHz 和 DCS 1800 MHz。SIM900A 支持 GPRSmulti-slot class 10/class 8(可选)和 GPRS 编码格式 CS-1、CS-2、CS-3 和 CS-4。SIM900A 采用省电技术设计，在睡眠模式下最低电流只有 1.0 mA。内部嵌有 TCP/IP 协议及扩展的 TCP/IP AT 命令，方便用户使用 TCP/IP 协议，这在用户做数据传输方面的应用时非常有用。其功能框图如图 3.2-1 所示。

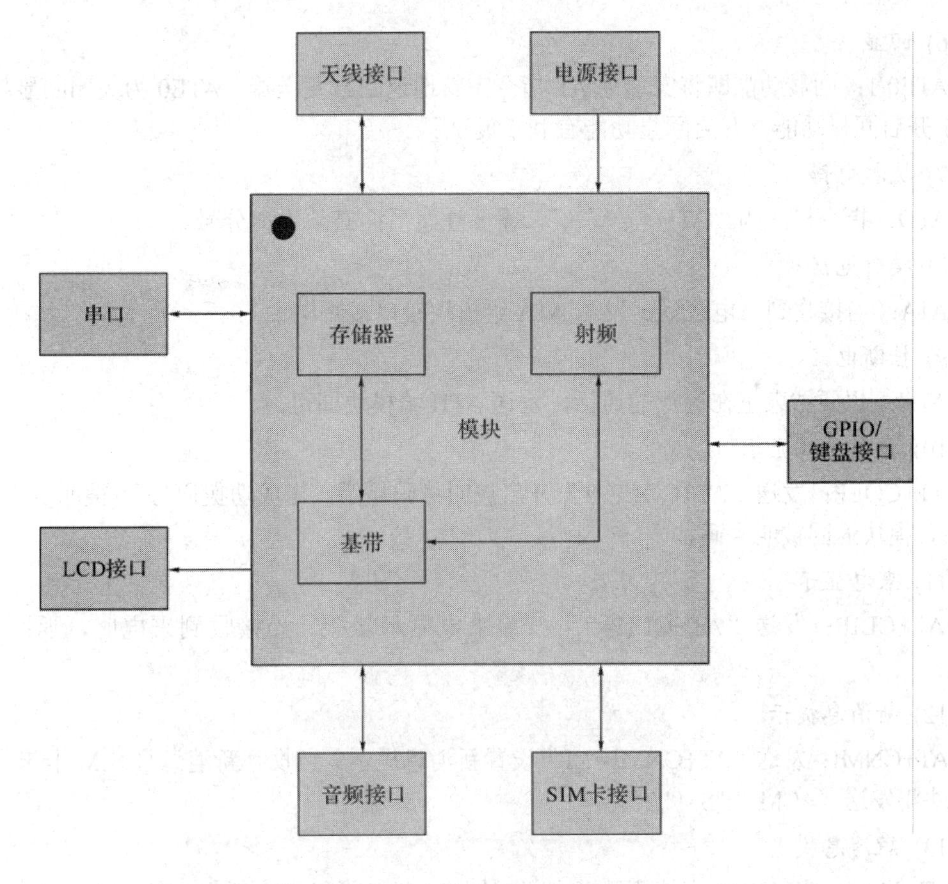

图 3.2-1

2. SIM900A 基本指令介绍

1) SIM 卡状态查询

AT+CPIN?：该指令用于查询 SIM 卡的状态，主要是 PIN 码。如果该指令的返回值为“+COIN:READY”，则表明 SIM 卡状态正常，返回其他值则表明无 SIM 卡。

2) 信号质量查询

AT+CSQ：该指令用于查询信号质量，返回 SIM900A 模块接收信号的强度，例如，返回值“+CSQ:24,0”表示信号强度为 24(最大为 31)。

3) 当前运营商查询

AT+COPS?：该指令只有在联上网络后才能返回运营商，否则返回空。如果该指令的返回值为“+COPS:0,0,"CHINA MOBILE11”，则表示当前的运营商为中国移动。

4) 产品序列号查询

AT+CGSN：该指令用于查询产品序列号。每个模块都有一个全球唯一的序列号。

5) 本机号码查询

AT+CNUM：该指令用于查询本机的手机号码，必须在 SIM 卡状态正常的时候才可以查询。如果该指令的返回值为“+CNUM:"","136****6512",129,7,4”，则表明手机号码为 136****6512。

6) 回显

ATE0/1：回显功能即将发送的 AT 指令完整地返回给发送端。ATE0 为关闭回显功能，ATE1 开启回显功能。开启回显功能有利于调试。

7) 拨打电话

ATD：指令格式为“ATD+号码+;”，需要注意后面必须加上分号。

8) 接听电话

ATA：当接收到来电之后，发送 ATA 给模块接口接听电话。

9) 挂断电话

ATH：想要结束正在进行的通话，发送 ATH 给模块即可。

10) 被叫号码显示

AT+COLP：发送“AT+COLP=1”开启被叫号码显示。当成功拨通号码(被叫方已经接听)时，模块返回被叫号码。

11) 来电显示

AT+CLIP：发送“AT+CLIP=1”开启来电显示功能。当接收到来电时，返回来电号码。

12) 新消息提示

AT+CNMI：发送“AT+CNMI=2,1”设置新消息提示。当收到新消息且 SIM 卡未满时，则模块将发送“+CMTI:"SM",2”。

13) 短消息模式

AT+CMGF：SIM900A 支持两种模式，分别为 PDU 模式和文本模式，发送“AT+CMGF=1”，即可设置为文本模式。

14) 设置 TE 字符集

AT+CSCS：发送“AT+CSCS="GSM"”设置为 7 位缺省字符集，可发送英文短信；发送“AT+CSCS="UCS2"”设置为 16 位通用 8 B 倍数编码字符集，可发中英文。

15) 设置文本模式参数

AT+CSMP：在使用 UCS2 方式发送中文短信的时候，需要发送“AT+CSMP=17,167,2,25”，设置文本模式参数。

16) 读取短信

AT+CMGR：发送“AT+CMGR=1”可以读取 SIM 卡存储在位置 1 的信息。

17) 发送短信

AT+CMGS：在 GSM 字符集下，最大可以发送 180 B 的英文字符，在 UCS2 字符集下，最大可以发送 70 个汉字，其中包括字符和数字。

18) 优先消息存储器

AT+CPMS：通过发送“AT+CPMS?”可以查询当前 SIM 卡最大支持多少条短信存储，以及当前存储了多少条短信等信息。返回数据格式为“+CPMS:"SM",1,50,"SM",1,50,"SM",1,50,”表示当前 SIM 卡最大存储 50 条信息，目前已存储 1 条信息。

3.2.2 硬件设计

STM32F407 通过串口连接 SIM900A 模块，可发送指令进行打电话和收发短信的操作。硬件连接电路图如图 3.2-2 和图 3.2-3 所示。

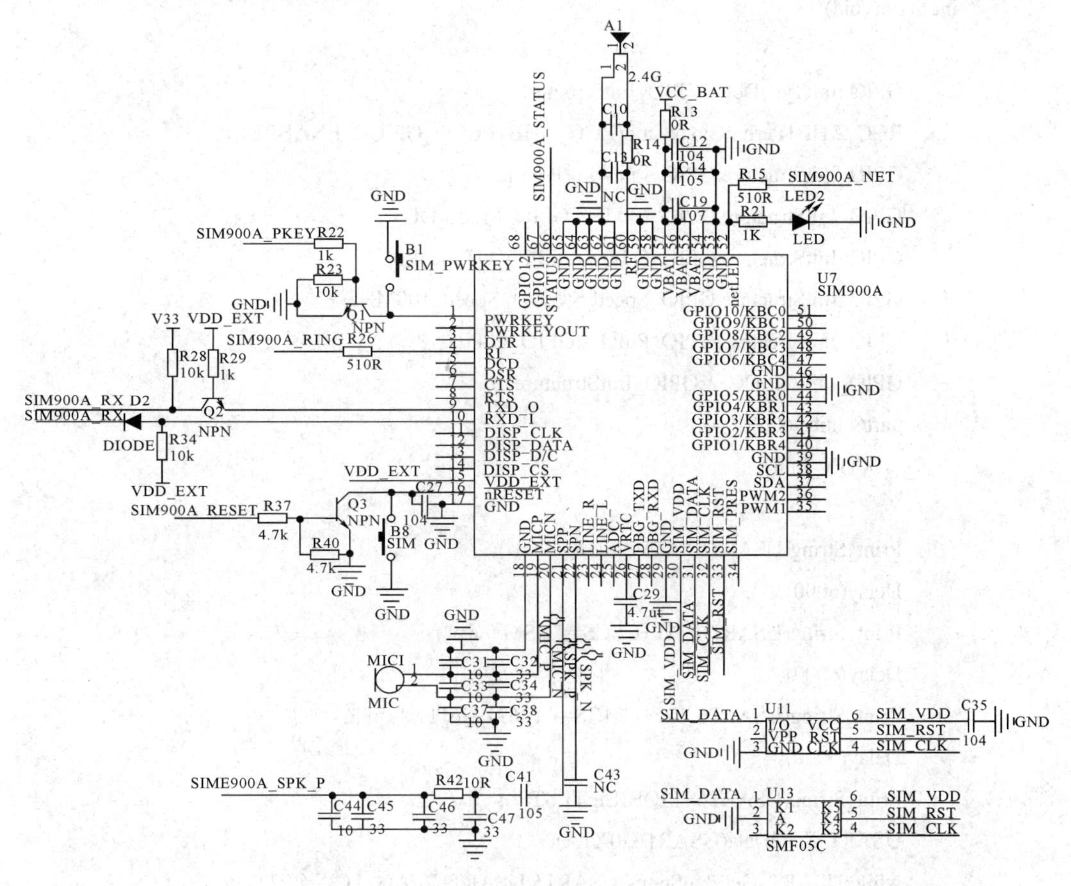

图 3.2-2

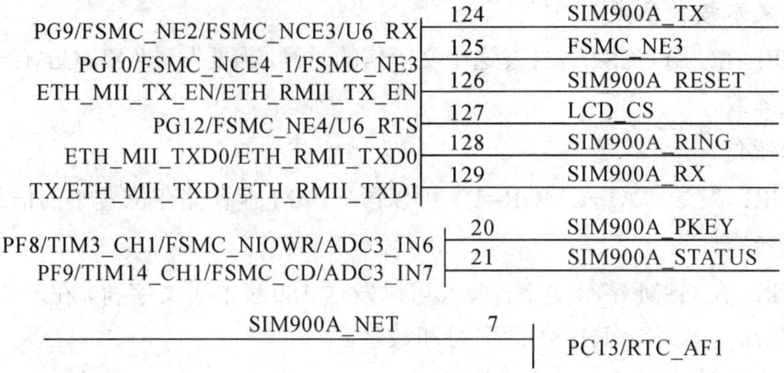

PG9/FSMC_NE2/FSMC_NCE3/U6_RX　124　SIM900A_TX
PG10/FSMC_NCE4_1/FSMC_NE3　125　FSMC_NE3
ETH_MII_TX_EN/ETH_RMII_TX_EN　126　SIM900A_RESET
PG12/FSMC_NE4/U6_RTS　127　LCD_CS
ETH_MII_TXD0/ETH_RMII_TXD0　128　SIM900A_RING
TX/ETH_MII_TXD1/ETH_RMII_TXD1　129　SIM900A_RX

PF8/TIM3_CH1/FSMC_NIOWR/ADC3_IN6　20　SIM900A_PKEY
PF9/TIM14_CH1/FSMC_CD/ADC3_IN7　21　SIM900A_STATUS

SIM900A_NET　7　PC13/RTC_AF1

图 3.2-3

3.2.3　软件设计

因为需要通过串口给 SIM900A 发送相关指令，本实验程序主要用到串口配置，另外还包含了定时器的配置、触摸屏的驱动、I^{2}C 驱动、显示函数等。这里给出调用 SIM900A 的代码，如清单 3.2-1 所示，其他代码可参考前面章节或者本书配套的代码资料。

--代码清单 3.2-1--

```
int main(void)
{
    GPIO_InitTypeDef    GPIO_InitStructure;
    RCC_AHB1PeriphClockCmd(RCC_AHB1Periph_GPIOC, ENABLE);
    GPIO_InitStructure.GPIO_Pin = GPIO_Pin_1;
    GPIO_InitStructure.GPIO_Mode = GPIO_Mode_OUT;
    GPIO_InitStructure.GPIO_OType = GPIO_OType_PP;
    GPIO_InitStructure.GPIO_Speed = GPIO_Speed_100MHz;
    GPIO_InitStructure.GPIO_PuPd = GPIO_PuPd_UP;
    GPIO_Init(GPIOC, &GPIO_InitStructure);
    uart6_init(9600);
     EXTIX_Init();

    Print_String(USART6,"AT+CMGF=1\r\n");
    Delay(6000);
    Print_String(USART6,"AT+CSCS=\"GSM\"\r\n");
    Delay(6000);
    Print_String(USART6,"AT+CMGS=\"13691926117\"\r\n");
    Delay(6000);
    Print_String(USART6,"MOBILE TEST!");
    USART_SendData(USART6, 0X1A);
    while(USART_GetFlagStatus(USART6,USART_FLAG_TC)!=SET);
```

```
        Print_String(USART6,"\r\n");
        while(1){

            GPIO_SetBits(GPIOC,GPIO_Pin_1);
            Delay(600);
            GPIO_ResetBits(GPIOC,GPIO_Pin_1);
            Delay(600);
        }
    }
```

3.2.4　实验现象

首先，将 SIM 卡放入主控底板背面的 SIM 卡卡槽 U11 中，如图 3.2-4 所示。然后找到资料包里的工程文件，打开代码后先点击编译按钮，编译完成没有错误，则可直接点击下载按钮下载代码。如果需要调试，单步运行代码，就点击 Debug 按钮。下载完成后就会看到屏幕上显示的文字和图标，如图 3.2-5 所示。

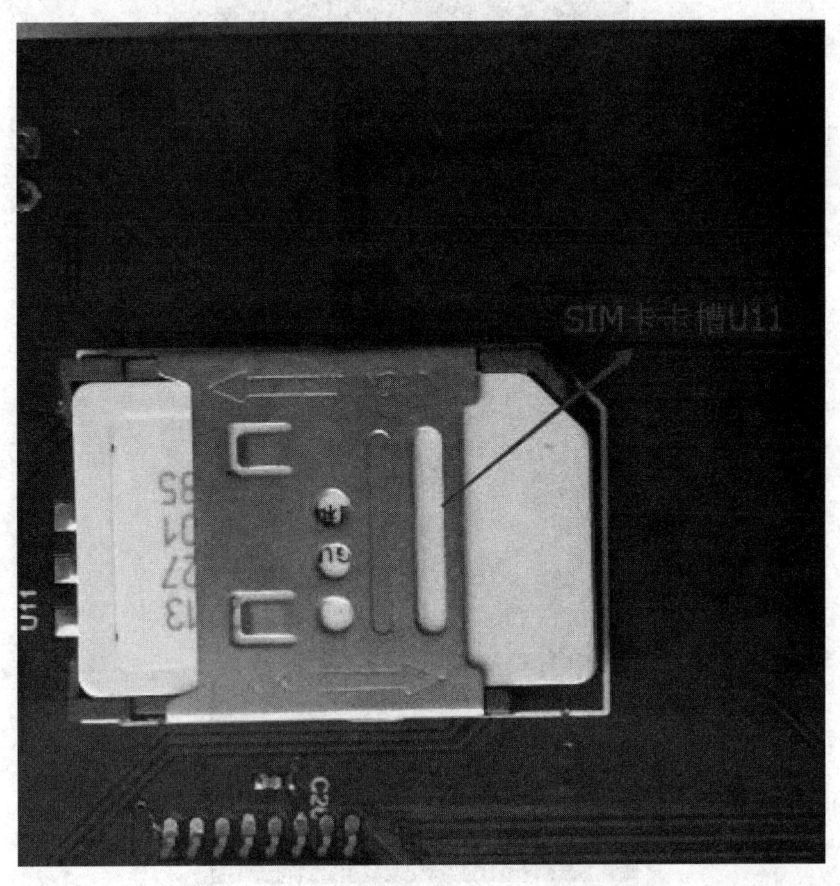

图 3.2-4

图 3.2-5

点击电话图标进入拨号界面，如图 3.2-6 所示。

图 3.2-6

输入需要拨打的号码，然后点击拨号键进行呼叫，拨号键由绿色变为红色(挂断键)，并显示“拨号中 •••”，如图 3.2-7 所示。

图 3.2-7

对方接听，则显示“通话中 •••”，如图 3.2-8 所示。

图 3.2-8

挂断之后(对方挂断或者自己点击挂断按键)，界面恢复到初始的拨号界面，如图 3.2-9 所示，点击左下角的返回按键可以返回主界面。

图 3.2-9

点击短信图标进入短信发送页面，如图 3.2-10 所示。

图 3.2-10

点击上方号码输入框，输入收件人号码。点击下方短信内容输入框，输入短信内容，如图 3.2-11 所示。

图 3.2-11

输入完号码和内容之后，点击发送按钮，短信就会发送出去，同时号码与短信内容输入框清空，如图 3.2-12 所示。

图 3.2-12

按下屏幕左上方的返回按键可以返回主界面。

3.3 音乐播放器

3.3.1 MX6100

1. MX6100 介绍

MX6100 是一个提供串口的 MP3 芯片，完美地集成了 MP3、WAV 的硬解码。通过简单的串口指令即可播放指定的音乐，控制播放模式、音量大小，无需繁琐的底层操作。使用方便、稳定可靠是该芯片的最大特点。芯片选用 SOC 方案，集成一个 16 位的 MCU 以及一个专门针对音频解码的 DSP，采用硬解码方式，保证了系统的稳定性和音质。芯片应用框图如图 3.3-1 所示。

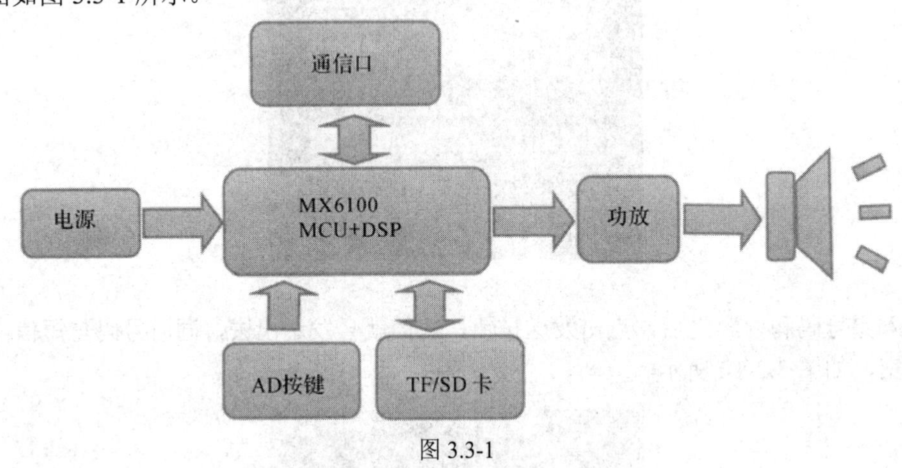

图 3.3-1

2. MX6100 基本指令介绍

1) 通信格式

MX6100 的基本通信格式为：

- 指令码+验证码+数据长度+数据 1，数据 2，…，数据 n+和校验
- 指令码：用来区分指令类型
- 验证码：指令码的反码
- 数据长度：数据的字节数
- 数据：指令中的相关数据
- 和校验：之前所有字节和的低 8 位

2) 播放控制指令

MX6100 的播放控制指令有：

- 播放状态：00(停止)，01(播放)，02(暂停)
- 设备定义: USB:00；SD:01；FLASH:02；NO_DEVICE 0xFF
- 查询播放状态(00)

  指令：02 FD 01 00 00

返回：02 FD 02 00 播放状态 SM

- 播放(01)
  指令：02 FD 01 01 01
  返回：02 FD 03 0E 曲目高曲目低 SM
- 暂停(02)
  指令：02 FD 01 02 02
  返回：无
- 停止(03)
  指令：02 FD 01 03 03
  返回：无
- 上一曲(04)
  指令：02 FD 01 04 04
  返回：02 FD 03 0E 曲目高曲目低 SM
- 下一曲(05)
  指令：02 FD 01 05 05
  返回：02 FD 03 0E 曲目高曲目低 SM
- 播放结束(10)
  指令：02 FD 01 10 10
  返回：无

3) 音量控制指令

MX6100 的音量最大为 30，默认 20。音量控制指令有：

- 查询音量(00)：
  指令：03 FC 01 00 00
  返回：03 FC 02 00 VOL SM
- 音量设置(01)：
  指令：03 FC 02 01 VOL SM
  返回：无

例如，03 FC 02 01 14 16 设置音量为 20 级。

- 音量加(02)：
  指令：03 FC 01 02 02
  返回：无
- 音量减(03)：
  指令：03 FC 01 03 03
  返回：无

3.3.2 硬件设计

主控芯片通过串口控制 MX6100，进行音乐的播放、暂停等。硬件连接电路图如图 3.3-2 和图 3.3-3 所示。

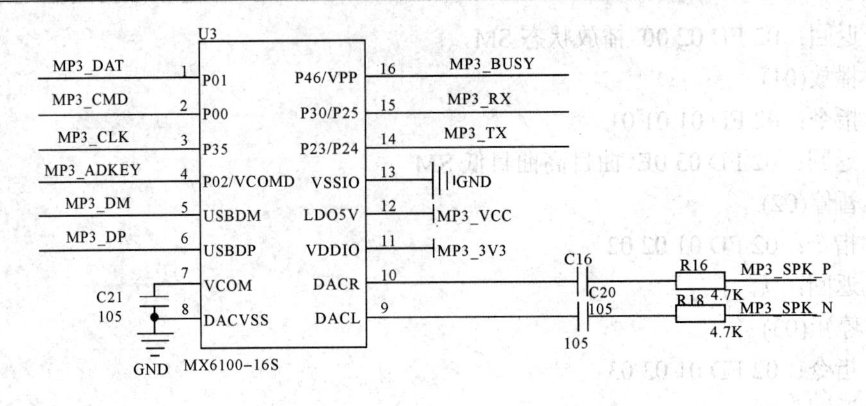
U3
MP3_DAT
MP3_CMD
MP3_CLK
MP3_ADKEY
MP3_DM
MP3_DP
P01
P00
P35
P02/VCOMD
USBDM
USBDP
VCOM
DACVSS
P46/VPP
P30/P25
P23/P24
VSSIO
LDO5V
VDDIO
DACR
DACL
MP3_BUSY
MP3_RX
MP3_TX
GND
MP3_VCC
MP3_3V3
C21
105
GND
MX6100-16S
C16
C20
105
R16
R18
4.7K
MP3_SPK_P
MP3_SPK_N

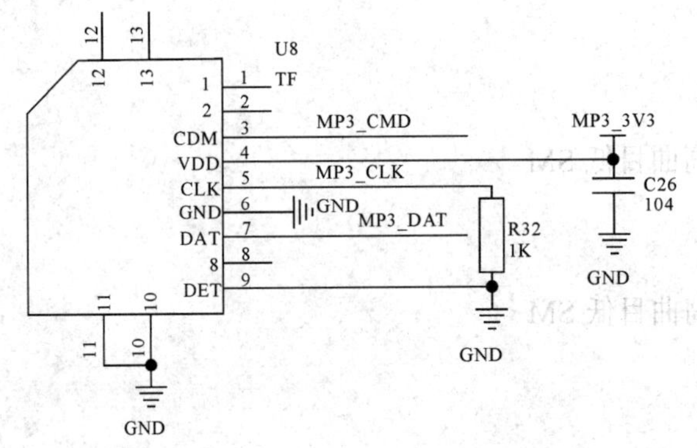
U8
TF
CDM
VDD
CLK
GND
DAT
DET
MP3_CMD
MP3_CLK
MP3_DAT
MP3_3V3
C26
104
R32
1K
GND

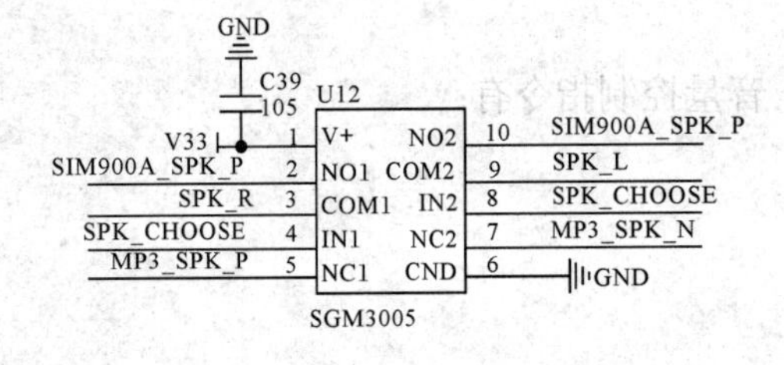
GND
C39
105
U12
V33
SIM900A_SPK_P
SPK_R
SPK_CHOOSE
MP3_SPK_P
V+
NO1
COM1
IN1
NC1
NO2
COM2
IN2
NC2
CND
SIM900A_SPK_P
SPK_L
SPK_CHOOSE
MP3_SPK_N
GND
SGM3005
U10
GND
SPK_R
SPK_L
R
L
MIC

图 3.3-2

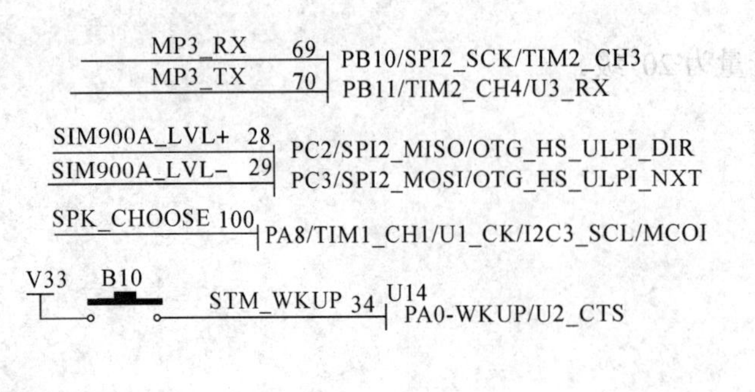
MP3_RX
MP3_TX
PB10/SPI2_SCK/TIM2_CH3
PB11/TIM2_CH4/U3_RX
SIM900A_LVL+
SIM900A_LVL-
PC2/SPI2_MISO/OTG_HS_ULPI_DIR
PC3/SPI2_MOSI/OTG_HS_ULPI_NXT
SPK_CHOOSE
PA8/TIM1_CH1/U1_CK/I2C3_SCL/MCOI
V33
B10
STM_WKUP
U14
PA0-WKUP/U2_CTS

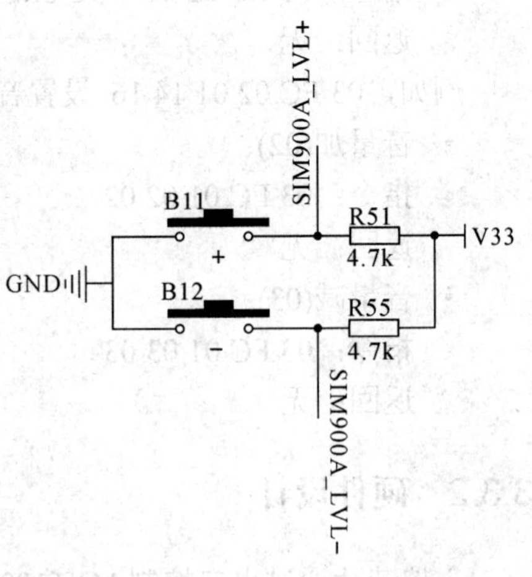
SIM900A_LVL+
B11
R51
4.7k
V33
GND
B12
R55
4.7k
SIM900A_LVL-

图 3.3-3

3.3.3 软件设计

本实验代码主要包括定时器初始化、I^2C 驱动配置、触摸屏驱动配置、串口配置、显示函数等。这里主要介绍 MX6100 指令的运用，代码如清单 3.3-1 所示。其他代码可参考前面的章节或者本书配套的代码资料。

---代码清单 3.3-1---

```
u8 mp3_play[] = {0x02,0xfd,0x01,0x01,0x01,0x00};
u8 mp3_pause[] = {0x02,0xfd,0x01,0x02,0x02,0x00};
u8 mp3_lvl_p[] = {0x03, 0xFC, 0x01, 0x02, 0x02,0x00};
u8 mp3_lvl_m[] = {0x03, 0xFC, 0x01, 0x03, 0x03,0x00};

int main(void)
{

    GPIO_InitTypeDef   GPIO_InitStructure;

    RCC_AHB1PeriphClockCmd(RCC_AHB1Periph_GPIOA|RCC_AHB1Periph_GPIOC,
ENABLE);

    GPIO_InitStructure.GPIO_Pin = GPIO_Pin_8;
    GPIO_InitStructure.GPIO_Mode = GPIO_Mode_OUT;
    GPIO_InitStructure.GPIO_OType = GPIO_OType_PP;
    GPIO_InitStructure.GPIO_Speed = GPIO_Speed_100MHz;
    GPIO_InitStructure.GPIO_PuPd = GPIO_PuPd_UP;
    GPIO_Init(GPIOA, &GPIO_InitStructure);

    GPIO_InitStructure.GPIO_Pin = GPIO_Pin_1;
    GPIO_InitStructure.GPIO_Mode = GPIO_Mode_OUT;
    GPIO_InitStructure.GPIO_OType = GPIO_OType_PP;
    GPIO_InitStructure.GPIO_Speed = GPIO_Speed_100MHz;
    GPIO_InitStructure.GPIO_PuPd = GPIO_PuPd_UP;
    GPIO_Init(GPIOC, &GPIO_InitStructure);

    GPIO(A,8,O) = 0;

    uart3_init(9600);
    EXTIX_Init();
    while(1)
    {
```

```
        GPIO_SetBits(GPIOC,GPIO_Pin_1);
        Delay(600);
        GPIO_ResetBits(GPIOC,GPIO_Pin_1);
        Delay(600);
    }
}
u8 mp3_flag = 0;
//外部中断 0 服务程序
void EXTI0_IRQHandler(void)
{
    Delay(100);     //消抖
    if(mp3_flag)
    {
        mp3_flag = 0;
        Print_String(USART3,mp3_pause);
    }
    else
    {
        mp3_flag = 1;
        Print_String(USART3,mp3_play);
    }
    EXTI_ClearITPendingBit(EXTI_Line0);
}
//外部中断 2 服务程序
void EXTI2_IRQHandler(void)
{
    Delay(100);     //消抖
    Print_String(USART3,mp3_lvl_m);
    EXTI_ClearITPendingBit(EXTI_Line2);     //清除 LINE2 上的中断标志位
}
//外部中断 3 服务程序
void EXTI3_IRQHandler(void)
{
    Delay(100);     //消抖
    Print_String(USART3,mp3_lvl_p);
    EXTI_ClearITPendingBit(EXTI_Line3);     //清除 LINE3 上的中断标志位
}
```

3.3.4　实验现象

首先，将需要播放的音乐拷贝到 TF 卡中。TF 卡路径格式说明：

(1) 文件夹名字为 8 B，超过 8 B 取前 8 B，不够 8 B 的用空格补充，8 B 就是 4 个汉字或 8 个字母。

(2) 文件名也为 8 B，不够的可以用？或者*表示。例如，ABC?????表示开头的 3 个字符为 ABC 的文件，abc* 也表示开头的 3 个字符为 abc 的文件。

(3) 不管盘符里面的文件夹或文件名是否是大写字母，在编写程序时，文件夹和文件的名字必须为大写字母或数字。

一个汉字占用 2 B，一个空格或字符都占用 1 B。

例如，

```
"/背景/*???"                //背景文件夹下的所有文件，背景后面 4 个空格
"/MODE????MP3"              //根目录下以 mode 开头的 MP3 文件
/周华健/难念的经 MP3
```

TF 卡中的音乐文件按照要求存好之后，就将 TF 卡放入背面的卡槽 U8 中，如图 3.3-4 所示。

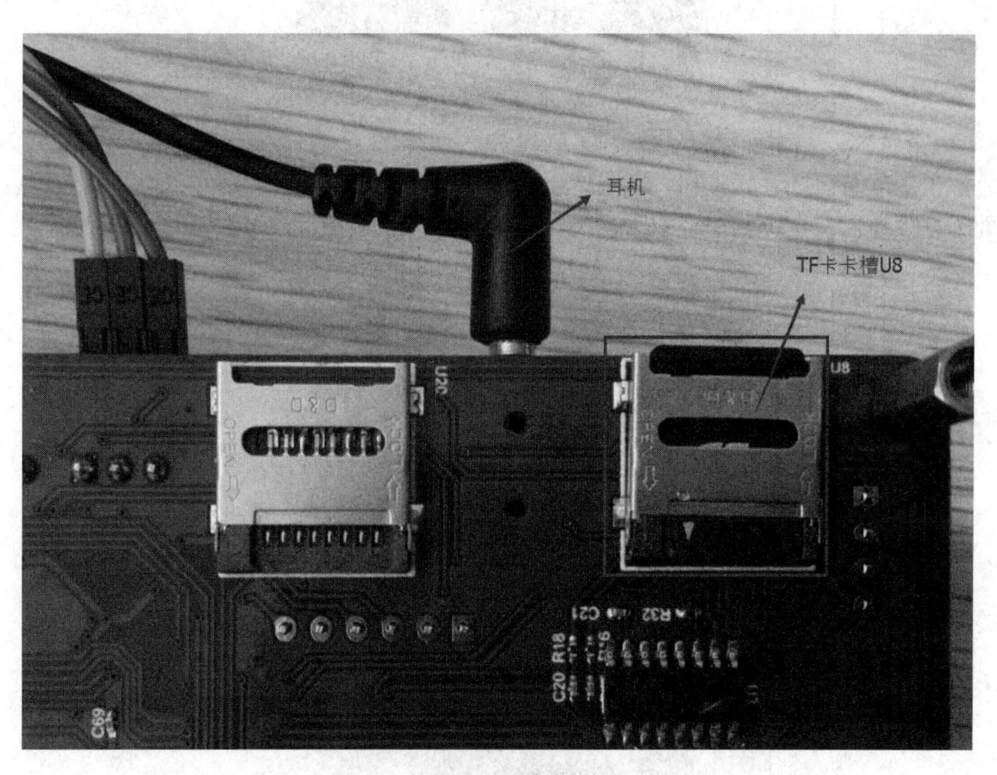

图 3.3-4

找到资料包里的工程文件，打开代码后先点击编译按钮，编译完成没有错误，则可直接点击下载按钮下载代码。如果需要调试，单步运行代码，就点击 Debug 按钮。下载完成后就会看到屏幕上显示的文字和图标，如图 3.3-5 所示。

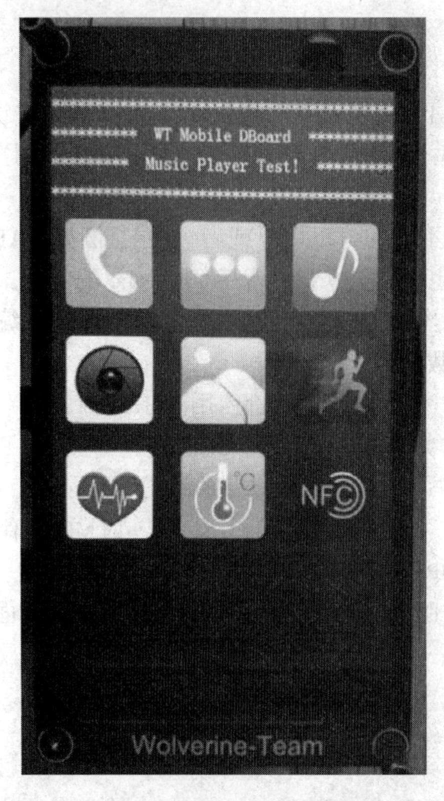

图 3.3-5

点击主屏幕上的音乐按钮，进入音乐播放界面，如图 3.3-6 所示。左上方为返回按键，下面为播放控制按键，从左往右依次为音量减、上一曲、播放、下一曲、音量增。

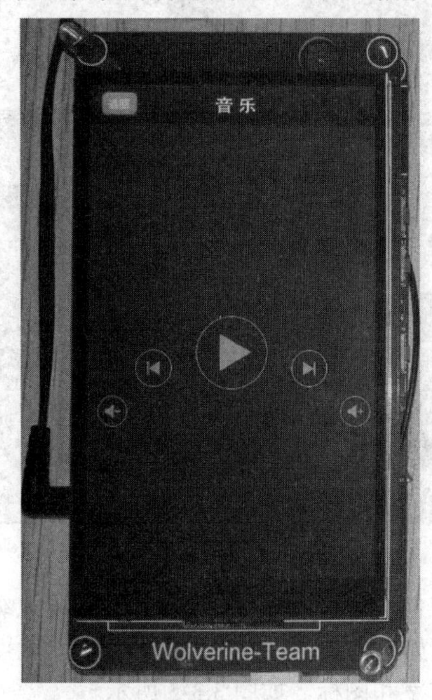

图 3.3-6

点击播放按钮开始播放音乐，耳机中就会听到播放的歌曲，同时播放图标变为暂停图标，如图 3.3-7 所示。

图 3.3-7

点击左上角的返回按键可以返回主界面。

3.4 拍照

3.4.1 OV2640 摄像头

1. OV2640 介绍

OV2640 是 OmniVision 公司生产的一款 1/4 寸的 CMOS UXGA(1632×1232)图像传感器。它支持 RawRGB、RGB(RGB565/RGB555)、GRB422、YUV(422/420)和 YcbCr(422)输出格式；支持 UXGA、SXGA、SVGA 以及按比例缩小到从 SXGA 到 40×30 的任何尺寸；支持自动曝光控制、自动增益控制、自动白平衡、自动消除灯光条纹、自动黑电平校准等自动控制功能；支持色饱和度、色相、伽马、锐度等设置；支持图像缩放、平移和窗口设置；支持图像压缩，即可输出 JPEG 图像数据。

2. SCCB 协议

外部控制器对 OV2640 寄存器的配置参数通过 SCCB 总线传输，而 SCCB 总线与 I^2C

十分类似，所以在 STM32 驱动中直接使用片上 I^2C 外设与它通信。SCCB 与标准 I^2C 协议的区别是，它每次传输只能写入或读取一个字节的数据，而 I^2C 协议是支持突发读写的，即在一次传输中可以写入多个字节的数据(EEPROM 中的页写入时序即突发写)。SCCB 的起始信号、停止信号及数据有效性与 I^2C 完全一样，如图 3.4-1 和图 3.4-2 所示。

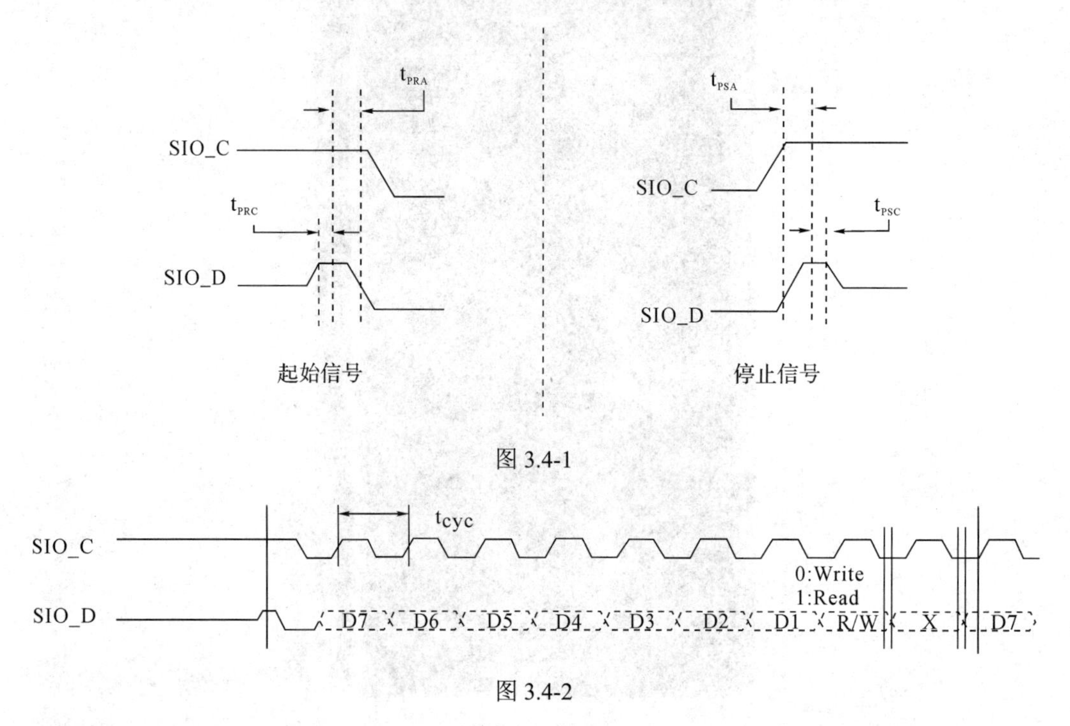

图 3.4-1

图 3.4-2

起始信号：在 SIO_C 为高电平时，SIO_D 出现一个下降沿，则 SCCB 开始传输。

停止信号：在 SIO_C 为高电平时，SIO_D 出现一个上升沿，则 SCCB 停止传输。

数据有效性：除了开始和停止状态，在数据传输过程中，当 SIO_C 为高电平时，必须保证 SIO_D 上的数据稳定，也就是说，SIO_D 上的电平变换只能发生在 SIO_C 为低电平的时候，SIO_D 的信号在 SIO_C 为高电平时被采集。

SCCB 协议中定义的读写操作与 I^2C 也是一样的，只是换了一种说法。它定义了两种写操作，即三步写操作和两步写操作。三步写操作可向从设备的一个目的寄存器中写入数据。如图 3.4-3 所示，在三步写操作中，第一阶段发送从设备的 ID 地址+W 标志(等于 I^2C 的设备地址：7 位设备地址+读写方向标志)，第二阶段发送从设备目标寄存器的 8 位地址，第三阶段发送要写入寄存器的 8 位数据。图中的“×”数据位可写入 1 或 0，对通信无影响。

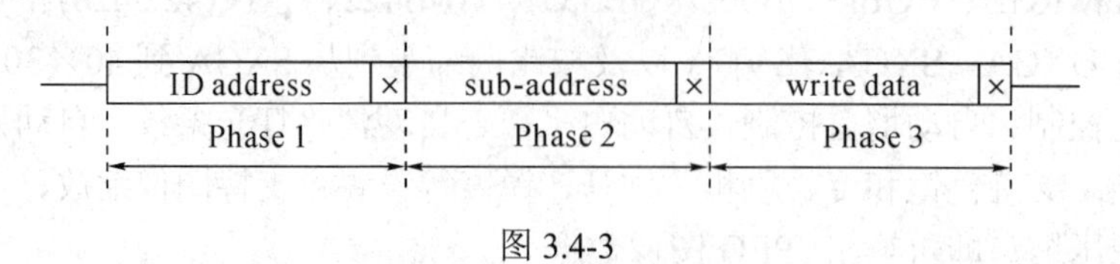

图 3.4-3

两步写操作没有第三阶段，即只向从器件传输了设备 ID+W 标志和目的寄存器的地址，如图 3.4-4 所示。两步写操作是用来配合后面的读寄存器数据操作的，它与读操作一起使用，实现 SCCB 的复合过程。

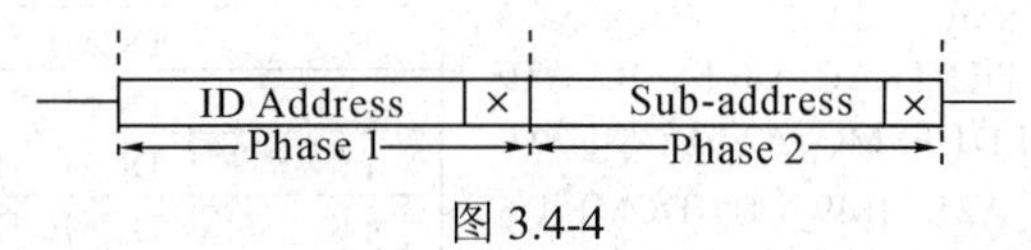

图 3.4-4

两步读操作用于读取从设备目的寄存器中的数据。在第一阶段中发送从设备的设备 ID+R 标志(设备地址+读方向标志)和自由位，在第二阶段中读取寄存器中的 8 位数据和写 NA 位(非应答信号)，见图 3.4-5。由于两步读操作没有确定目的寄存器的地址，所以在读操作前，必须有一个两步写操作，以提供读操作中的寄存器地址。

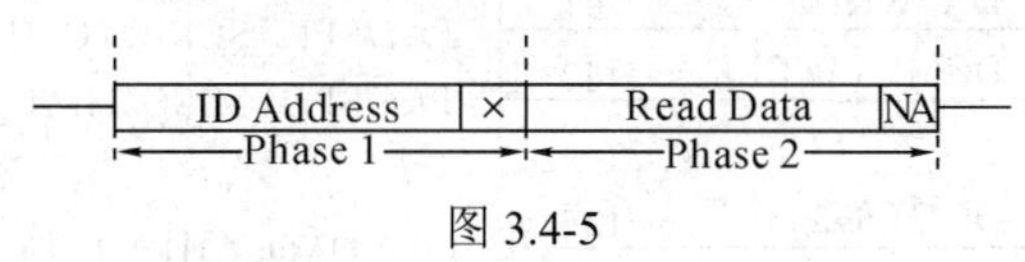

图 3.4-5

可以看到，SCCB 特性与 I^2C 无区别，而 I^2C 比 SCCB 还多出了突发读写的功能，SCCB 可以看作是 I^2C 的子集，可以使用 STM32 的 I^2C 外设来与 OV2640 进行 SCCB 通信。

3.4.2　硬件设计

实验通过摄像头采集图像信息，通过 LCD 屏幕显示出来。摄像头的硬件连接电路图如图 3.4-6 和图 3.4-7 所示。

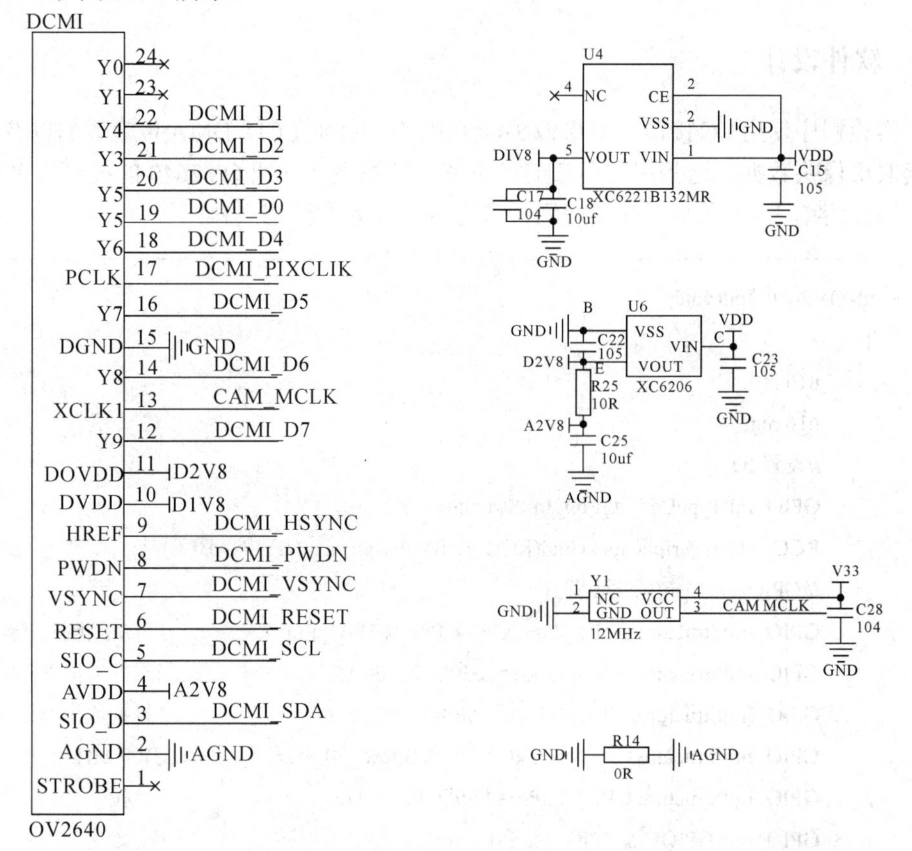

图 3.4-6

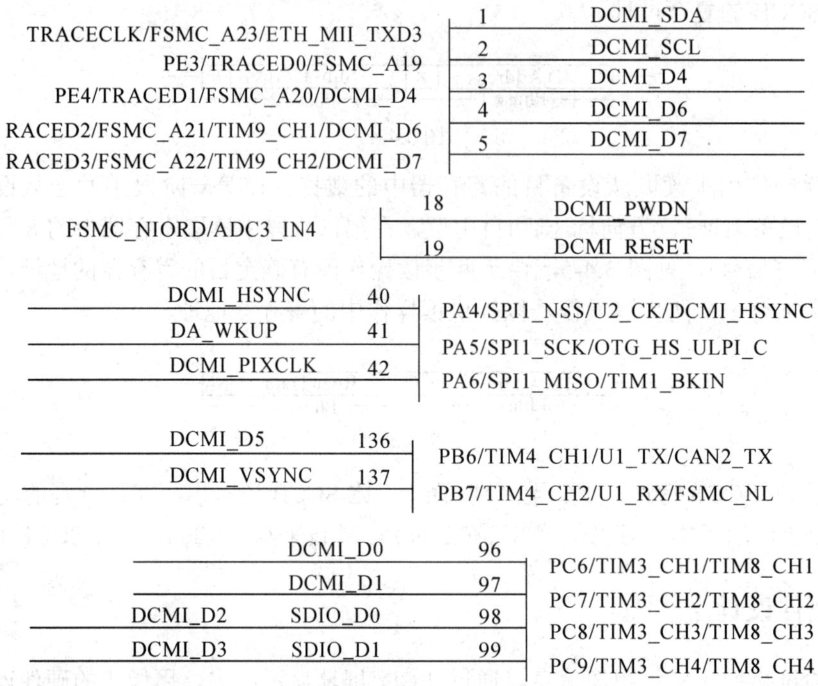

TRACECLK/FSMC_A23/ETH_MII_TXD3　1　DCMI_SDA
PE3/TRACED0/FSMC_A19　2　DCMI_SCL
PE4/TRACED1/FSMC_A20/DCMI_D4　3　DCMI_D4
RACED2/FSMC_A21/TIM9_CH1/DCMI_D6　4　DCMI_D6
RACED3/FSMC_A22/TIM9_CH2/DCMI_D7　5　DCMI_D7

FSMC_NIORD/ADC3_IN4　18　DCMI_PWDN
19　DCMI_RESET

DCMI_HSYNC　40　PA4/SPI1_NSS/U2_CK/DCMI_HSYNC
DA_WKUP　41　PA5/SPI1_SCK/OTG_HS_ULPI_C
DCMI_PIXCLK　42　PA6/SPI1_MISO/TIM1_BKIN

DCMI_D5　136　PB6/TIM4_CH1/U1_TX/CAN2_TX
DCMI_VSYNC　137　PB7/TIM4_CH2/U1_RX/FSMC_NL

DCMI_D0　96　PC6/TIM3_CH1/TIM8_CH1
DCMI_D1　97　PC7/TIM3_CH2/TIM8_CH2
DCMI_D2　SDIO_D0　98　PC8/TIM3_CH3/TIM8_CH3
DCMI_D3　SDIO_D1　99　PC9/TIM3_CH4/TIM8_CH4

图 3.4-7

3.4.3 软件设计

本实验程序使用 I^2C 接口配置摄像头，FSMC 接口控制 LCD，DMA 传输数据以及 DCMI 接口读取摄像头数据，这些在前面章节已讲解，这里主要介绍 OV2640 的控制指令运用，部分代码如清单 3.4-1 所示，详细代码请参考本书配套的源码资料。

---代码清单 3.4-1---

```
u8 OV2640_Init(void)
{
    u16 i=0;
    u16 reg;
    //设置 IO
    GPIO_InitTypeDef   GPIO_InitStructure;
    RCC_AHB1PeriphClockCmd(RCC_AHB1Periph_GPIOF, ENABLE);
    // GPIOG9, 15 初始化设置
    GPIO_InitStructure.GPIO_Pin = GPIO_Pin_6|GPIO_Pin_7;          //PF7,8 推挽输出
    GPIO_InitStructure.GPIO_Mode = GPIO_Mode_OUT;                 //推挽输出
    GPIO_InitStructure.GPIO_OType = GPIO_OType_PP;                //推挽输出
    GPIO_InitStructure.GPIO_Speed = GPIO_Speed_50MHz;             //100 MHz
    GPIO_InitStructure.GPIO_PuPd = GPIO_PuPd_UP;                  //上拉
    GPIO_Init(GPIOF, &GPIO_InitStructure);                        //初始化
```

```
    OV2640_PWDN=0;          //开启电源
    delay_ms(10);
    OV2640_RST=0;           //复位 OV2640
    delay_ms(10);
    OV2640_RST=1;           //结束复位
    I2C_CAM_Init();         //初始化 I2C_CAM 的 I/O 口
    I2C_CAM_WR_Reg(OV2640_DSP_RA_DLMT, 0x01);       //操作 SENSOR 寄存器
    I2C_CAM_WR_Reg(OV2640_SENSOR_COM7, 0x80);       //软复位 OV2640
    delay_ms(50);
    reg=I2C_CAM_RD_Reg(OV2640_SENSOR_MIDH);     //读取厂家 ID 高 8 位
    reg<<=8;
    reg|=I2C_CAM_RD_Reg(OV2640_SENSOR_MIDL);    //读取厂家 ID 低 8 位
    if(reg!=OV2640_MID)
    {
        return 1;
    }
    reg=I2C_CAM_RD_Reg(OV2640_SENSOR_PIDH);     //读取厂家 ID 高 8 位
    reg<<=8;
    reg|=I2C_CAM_RD_Reg(OV2640_SENSOR_PIDL);    //读取厂家 ID 低 8 位
    if(reg!=OV2640_PID)
    {
        return 2;
    }
    //初始化 OV2640,采用 SXGA 分辨率(1600*1200)
    for(i=0;i<sizeof(ov2640_sxga_init_reg_tbl)/2;i++)
    {
        I2C_CAM_WR_Reg(ov2640_sxga_init_reg_tbl[i][0],ov2640_sxga_init_reg_tbl[i][1]);
    }
    return 0x00;
}
//OV2640 切换为 JPEG 模式
void OV2640_JPEG_Mode(void)
{
    u16 i=0;
    //设置:YUV422 格式
    for(i=0; i<(sizeof(ov2640_yuv422_reg_tbl)/2); i++)
    {
        I2C_CAM_WR_Reg(ov2640_yuv422_reg_tbl[i][0], ov2640_yuv422_reg_tbl[i][1]);
    }
```

```
    //设置:输出 JPEG 数据
    for(i=0; i<(sizeof(ov2640_jpeg_reg_tbl)/2);i++)
    {
        I2C_CAM_WR_Reg(ov2640_jpeg_reg_tbl[i][0],ov2640_jpeg_reg_tbl[i][1]);
    }
}
//OV2640 切换为 RGB565 模式
void OV2640_RGB565_Mode(void)
{
    u16 i=0;
    //设置:RGB565 输出
    for(i=0; i<(sizeof(ov2640_rgb565_reg_tbl)/2);i++)
    {
        I2C_CAM_WR_Reg(ov2640_rgb565_reg_tbl[i][0],ov2640_rgb565_reg_tbl[i][1]);
    }
}
----------------------------------------------------------------------------------------------------
```

3.4.4 实验现象

找到资料包里的工程文件，打开代码后先点击编译按钮，编译完成没有错误，则可直接点击下载按钮下载代码。如果需要调试，单步运行代码，就点击 Debug 按钮。下载完成后就会看到屏幕上显示的文字和图标，如图 3.4-8 所示。

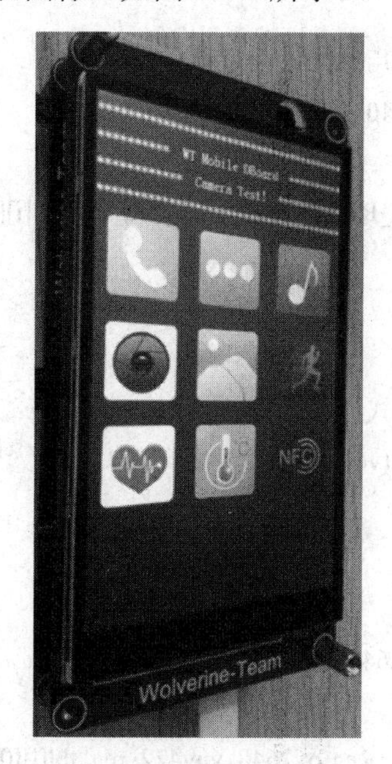

图 3.4-8

实验中有以下两个现象：

1) 相机拍照

点击主界面中的相机图标，进入拍照页面，屏幕上显示摄像头拍摄到的画面，下方显示功能按钮，如图 3.4-9 所示。

图 3.4-9

点击下方的圆形按钮就可以进行拍照，点击之后，屏幕上的画面会静止不动，之后会显示“The photo is saving...”的提示字符，如图 3.4-10 所示。

图 3.4-10

拍照完成之后，点击左下方的返回按钮，返回主界面。

2) 查看拍摄的图片

点击主界面中的图片图标，进入图片查看页面。如果刚才拍摄过图片就会直接显示刚才拍摄的图片；如果没有拍摄过图片，则直接显示“No Picture!”的提示字符。下方显示功能按钮，如图 3.4-11 所示。

图 3.4-11

点击右边的向右指针按钮可切换到下一张图片(需要拍摄至少 2 张图片)，点击中间的向左指针按钮则切换到上一张图片(需要拍摄至少 2 张图片)，左边的按钮为返回按钮，可以返回到主界面，如图 3.4-12 所示。

图 3.4-12

3.5　三轴加速度传感器

3.5.1　ADXL345

ADXL345 是一款封装小、功耗低、精度高的三轴加速度传感器，最大量程为±16 g。其输出采用 16 位数据(两个字节)，接口可选用 SPI 或 I^2C。ADXL345 非常适合手持设备，可以检测静止和运动，同时检测的最小角度可达 0.25° 的高精度。

ADXL345 提供多个特殊感应功能，包括运动与静止检测、敲击和双击检测及自由落体检测，这些功能可以映射到中断输出引脚。它的内部集成 32 级的 FIFO，可以用来存储数据。功能框图如图 3.5-1 所示。

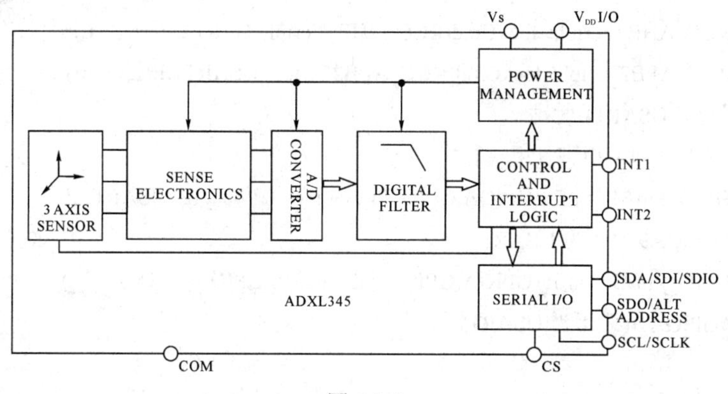

图 3.5-1

3.5.2　硬件设计

ADXL345 实验通过 I^2C 接口读取加速度传感器的加速度值，并通过串口传送到电脑上，使用串口调试助手来显示加速度值。这里使用 I^2C1 进行通信，传感器与 MCU 的硬件连接如图 3.5-2 所示。

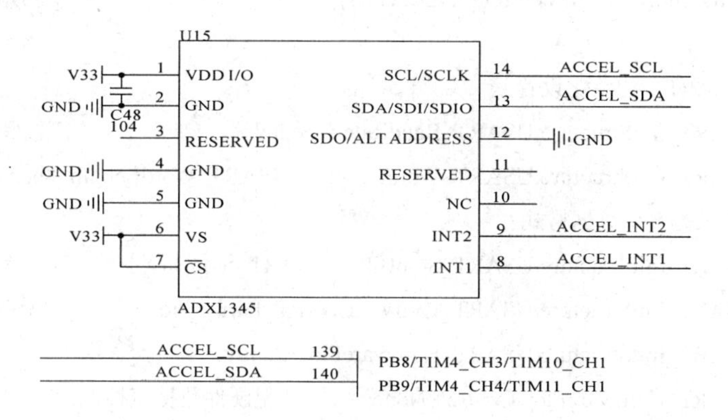

图 3.5-2

3.5.3 软件设计

本实验代码主要是通过 I^2C 通信接口控制 ADXL345 和接收返回的数据，并通过串口打印模/数转换的数据。对串口的配置和 I^2C 的配置，在前面的章节已经讲解过，这里主要介绍 ADXL345 传感器的代码运用，代码如清单 3.5-1 所示。实验详细代码可参考本书配套的代码资料包。

```
-----------------------------------------------代码清单 3.5-1-----------------------------------------------
void uart1_init(u32 bound)
{
    //GPIO 端口设置
    GPIO_InitTypeDef GPIO_InitStructure;
    USART_InitTypeDef USART_InitStructure;
    RCC_AHB1PeriphClockCmd(RCC_AHB1Periph_GPIOA,ENABLE);        //使能 GPIOA 时钟
    RCC_APB2PeriphClockCmd(RCC_APB2Periph_USART1,ENABLE);
    //使能 USART1 时钟
    //串口 1 对应引脚复用映射
    GPIO_PinAFConfig(GPIOA,GPIO_PinSource9,GPIO_AF_USART1);
    //GPIOA9 复用为 USART1
    GPIO_PinAFConfig(GPIOA,GPIO_PinSource10,GPIO_AF_USART1);
    //GPIOA10 复用为 USART1

    //USART1 端口配置
    GPIO_InitStructure.GPIO_Pin = GPIO_Pin_9 | GPIO_Pin_10;        //GPIOA9 与 GPIOA10
    GPIO_InitStructure.GPIO_Mode = GPIO_Mode_AF;                   //复用功能
    GPIO_InitStructure.GPIO_Speed = GPIO_Speed_50MHz;              //速度 50 MHz
    GPIO_InitStructure.GPIO_OType = GPIO_OType_PP;                 //推挽复用输出
    GPIO_InitStructure.GPIO_PuPd = GPIO_PuPd_UP;                   //上拉
    GPIO_Init(GPIOA,&GPIO_InitStructure);                          //初始化 PA9，PA10

    //USART1  初始化设置
    USART_InitStructure.USART_BaudRate = bound;                    //波特率设置
    USART_InitStructure.USART_WordLength = USART_WordLength_8b;
    //字长为 8 位数据格式
    USART_InitStructure.USART_StopBits = USART_StopBits_1;         //一个停止位
    USART_InitStructure.USART_Parity = USART_Parity_No;            //无奇偶校验位
    USART_InitStructure.USART_HardwareFlowControl =
    USART_HardwareFlowControl_None;          //无硬件数据流控制
    USART_InitStructure.USART_Mode = USART_Mode_Rx | USART_Mode_Tx;
    //收发模式
```

```
        USART_Init(USART1, &USART_InitStructure);             //初始化串口 1
        USART_Cmd(USART1, ENABLE);             //使能串口 1
        USART_ClearFlag(USART1, USART_FLAG_TC);
}
void Print_String(USART_TypeDef* USARTx,u8 *str)
{
        while(*str != 0)
        {
                USART_SendData(USARTx, *str);
                while(USART_GetFlagStatus(USART1,USART_FLAG_TC)!=SET);
                str++;
        }
}
int main(void)
{
        u8 *Str_Point,device_id,Print_Buf[6];
        short Accel_data[3],data_buf;
        u16 i;
        GPIO_InitTypeDef    GPIO_InitStructure;
        Str_Point = (u8*)&Print_Buf[0];
        RCC_AHB1PeriphClockCmd(RCC_AHB1Periph_GPIOC, ENABLE);

        GPIO_InitStructure.GPIO_Pin = GPIO_Pin_1;
        GPIO_InitStructure.GPIO_Mode = GPIO_Mode_OUT;
        GPIO_InitStructure.GPIO_OType = GPIO_OType_PP;
        GPIO_InitStructure.GPIO_Speed = GPIO_Speed_100MHz;
        GPIO_InitStructure.GPIO_PuPd = GPIO_PuPd_UP;
        GPIO_Init(GPIOC, &GPIO_InitStructure);
        delay_init(168);
        uart1_init(115200);
        I2C_GPIO_Init();
        Accel_Init();
        while(1)
        {
                Print_String(USART1,"\n\rThe Device ID is: 0x");
                device_id = Accel_Read(0);
                Print_Buf[0] = ((device_id>>4)&0x0f);
                if(Print_Buf[0] > 9)
                        Print_Buf[0] += 55;
```

```
else
      Print_Buf[0] += 48;
Print_Buf[1] = (device_id&0x0f);
if(Print_Buf[1] > 9)
      Print_Buf[1] += 55;
else
      Print_Buf[1] += 48;
USART_SendData(USART1, Print_Buf[0]);
while(USART_GetFlagStatus(USART1,USART_FLAG_TC)!=SET);
USART_SendData(USART1, Print_Buf[1]);
while(USART_GetFlagStatus(USART1,USART_FLAG_TC)!=SET);
Print_String(USART1,"\n\rReading the accel data...\n\r");
Accel_ReadN(ADXL345, 0X32, 6, Print_Buf);
for(i=0;i<3;i++)
{
   Accel_data[i] = Print_Buf[i<<1] + Print_Buf[(i<<1)+1];
}
for(i=0;i<3;i++)
{
   if(Accel_data[i] < 0)
      {
         Accel_data[i] = -Accel_data[0];
            Print_Buf[0] = '-';
      }
      else
      {
         Print_Buf[0] = '+';
      }
      data_buf = Accel_data[i]*39/100;
      Print_Buf[1] = data_buf/100 + 0x30;
      Print_Buf[2] = '.';
      Print_Buf[3] = data_buf%100/10 + 0x30;
      Print_Buf[4] = data_buf%10 + 0x30;
      Print_Buf[5] = 'g';
      Print_String(USART1,Print_Buf);
      Print_String(USART1,"\n\r");
}
GPIO_SetBits(GPIOC,GPIO_Pin_1);
delay_ms(60);
```

```
            GPIO_ResetBits(GPIOC,GPIO_Pin_1);
            delay_ms(60);
        }
    }
```

3.5.4　实验现象

如图 3.5-3 和图 3.5-4 所示，找到资料包里的工程文件，打开代码后先点击编译按钮，编译完成没有错误，则可直接点击下载按钮下载代码。如果需要调试，单步运行代码，就点击 Debug 按钮。下载完成后就会看到串口调试助手打印出三个轴向的加速度值以及加速度传感器的 ID 值，如图 3.5-5 所示。

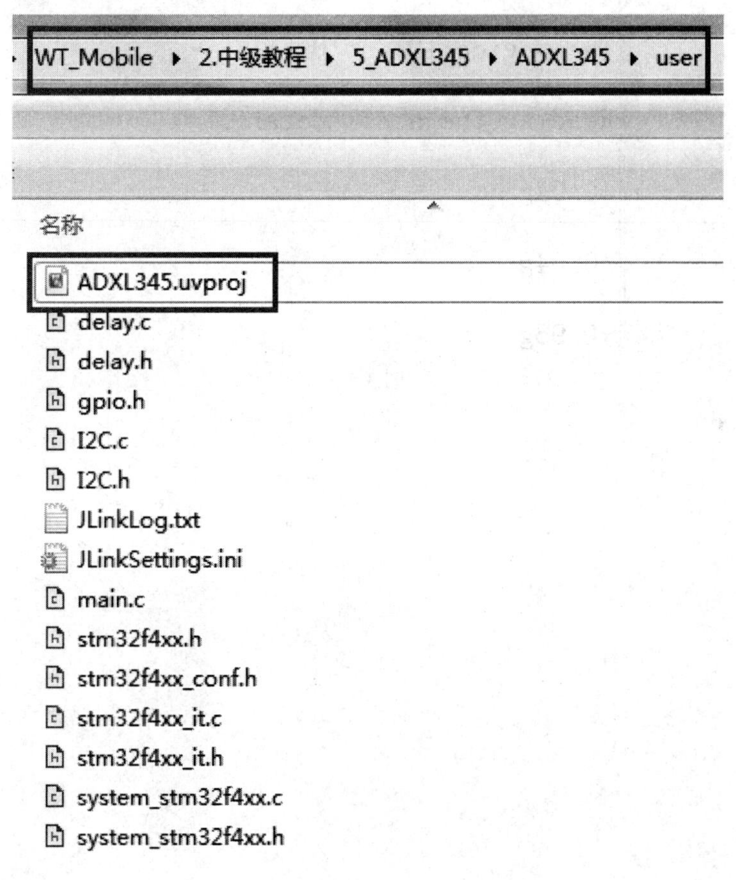

图 3.5-3

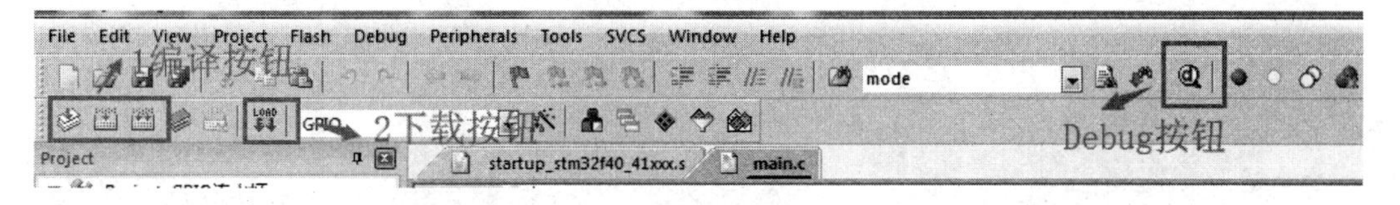

图 3.5-4

```
Serial-COM2 ×

The Device ID is: 0xE5

Reading the accel data...

+0.03g

+0.05g

+0.97g


The Device ID is: 0xE5

Reading the accel data...

+0.02g

+0.04g

+0.95g
```

图 3.5-5

附录 A　Keil 常用功能介绍

本章节介绍 Keil 调试常用的一些功能，关于 Keil 的下载安装可以参考前面的开发环境搭建章节。

打开实验代码工程文件之后，界面如图 A-1 所示，图中框内有 6 个图标，常用的是第 1、2、3 和最后一个，分别是编译、建立、重新建立以及下载，如图 A-1 所示。

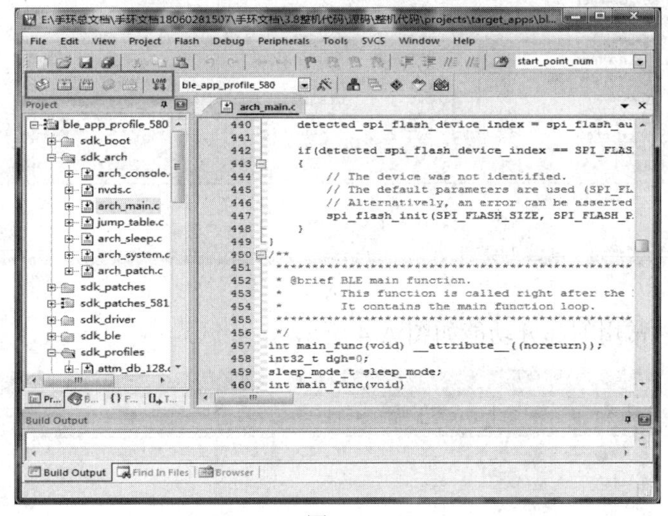

图 A-1

点击建立、重建目标文件，如若提示没有报错，就可以点击图 A-2 右上角框中的图标，进入仿真。

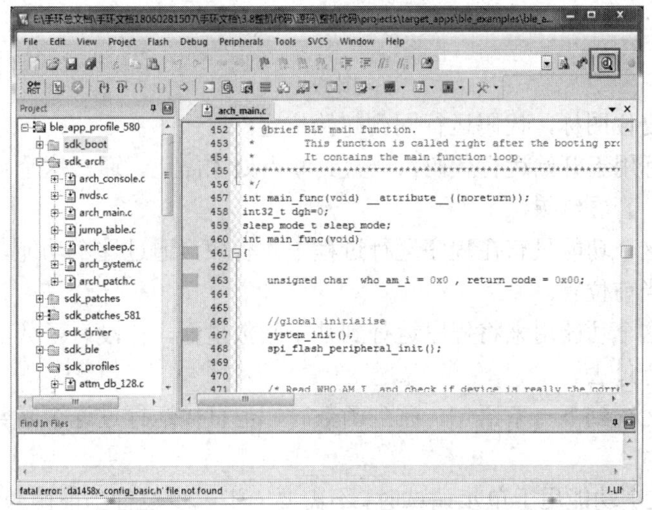

图 A-2

进入仿真之后，可以在如图 A-3 所示代码左侧的灰色区域内，也就是所标记的框内点击设置断点，再次点击则取消单个断点。当代码运行到断点所在的地方就会暂停运行。

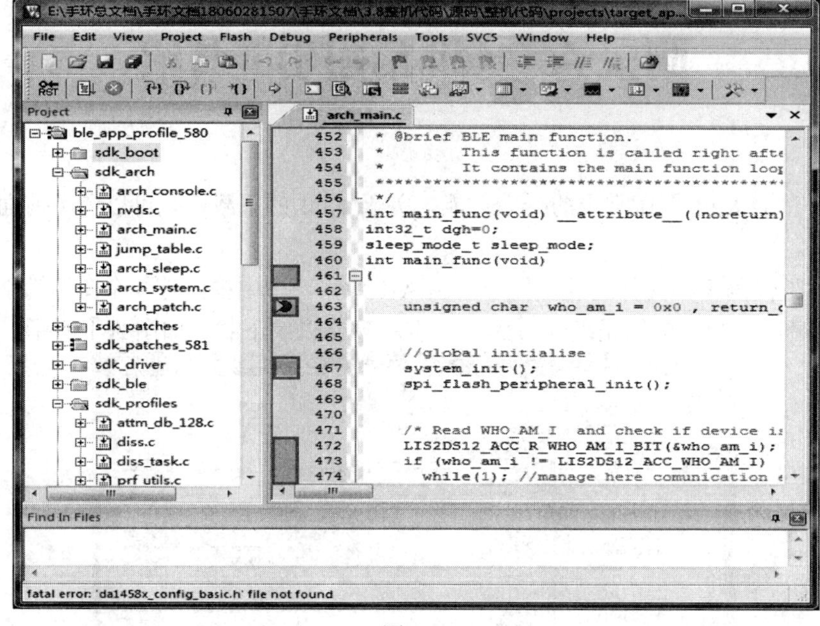

图 A-3

Debug 工具栏常用的部分功能如图 A-4 所示。

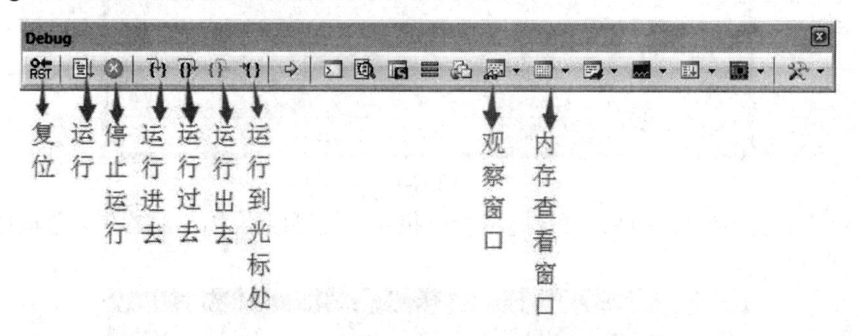

图 A-4

复位：点击复位图标，代码运行回到起始位置。

运行：该图标用于开始运行代码，一直到断点处才停止。通常这个功能用于快速运行到程序指定位置，查看结果。

停止运行：这个功能只有在程序运行过程中才有效，通过这个功能，可以将程序停止到程序所运行的当前位置。

运行进去：这个功能用来将程序运行到某个函数里面，在没有函数的情况下，这个功能等同于功能运行过去。

运行过去：运行到下一条语句，碰到函数时，也直接运行过这个函数，而不进入函数内部。

运行出去：这个功能用于单步调试时，不需要一步一步运行当前函数的剩余部分程序，通过这个功能直接一步运行余下的程序部分，跳出当前函数，回到当前函数被调用的位置。

运行到光标处：通过这个功能，可以直接将程序运行到光标的所在位置。

观察窗口：点击这个图标，会弹出一个用于显示变量的窗口，如图 A-5 所示，点击图中的 Enter expression 可以自行添加变量。当然也可以通过选定代码中的变量，点击鼠标右键，选择添加变量到窗口。

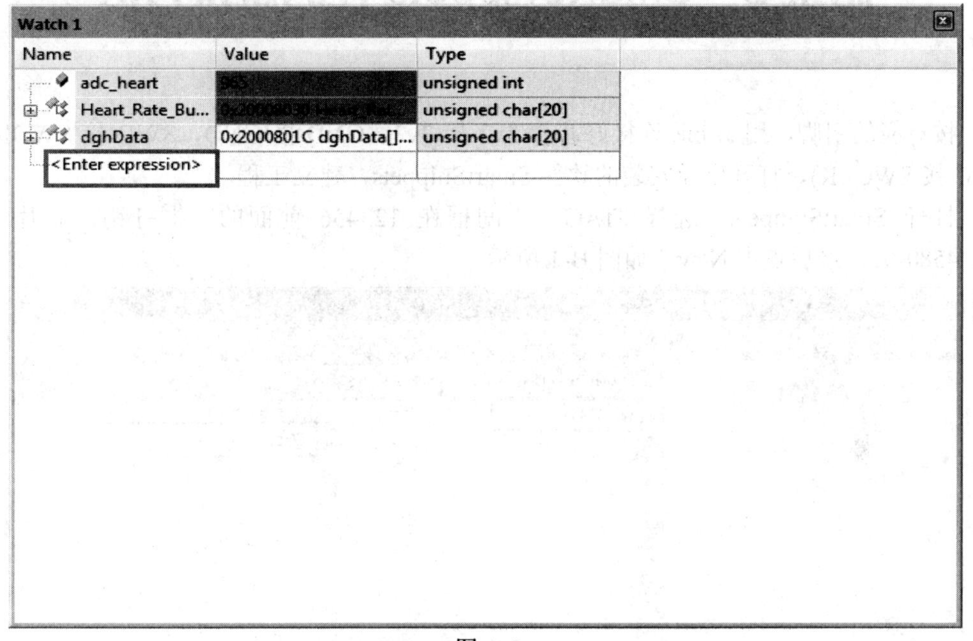

图 A-5

内存查看窗口：点击这个图标，将会弹出一个内存查看窗口，在里面输入要查看的内存地址，就能查看地址中所对应的值，如图 A-6 所示，这里以输入 0x80000 为例。

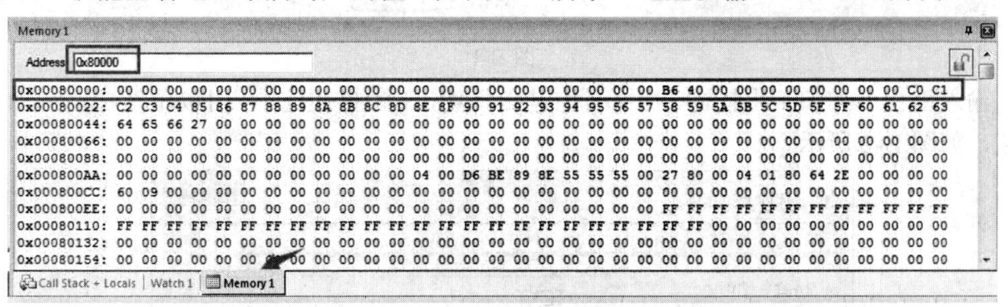

图 A-6

附录 B　SmartSnippets 代码烧录方法

按对应的引脚，用 JLink 连接好芯片(3v3 接 3v3，GND 接 GND，SWD 接 SWDIO，SWC 接 SWCLK)，打开已经安装的软件 SmartSnippets，建立工程。

打开 SmartSnippets，选择 JTAG，中间框在 123456 前面的方框打钩，芯片选择 DA14580-01，最后点击 New，如图 B-1 所示。

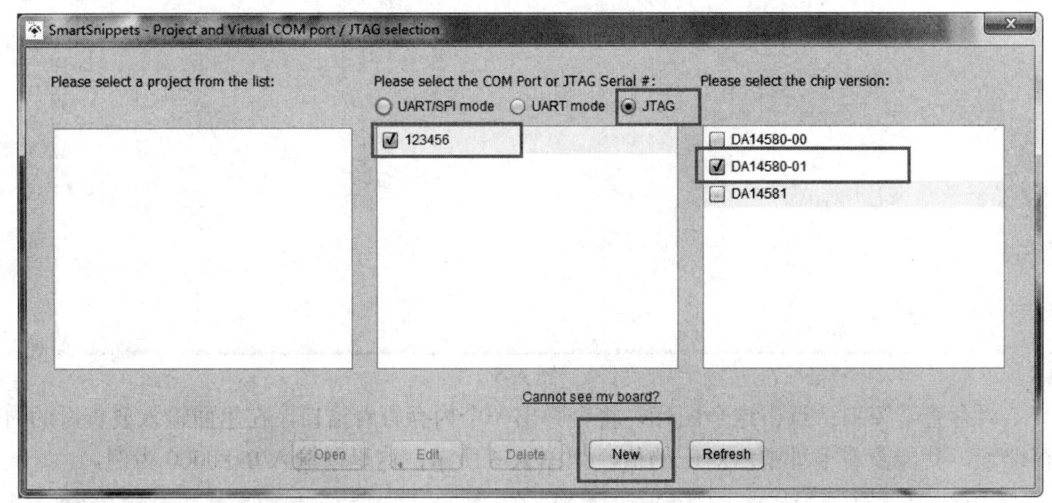

图 B-1

输入工程名称和工程描述，工程名称是必填项，工程描述选填，可以留空白，点击 Save 存储，如图 B-2 所示。

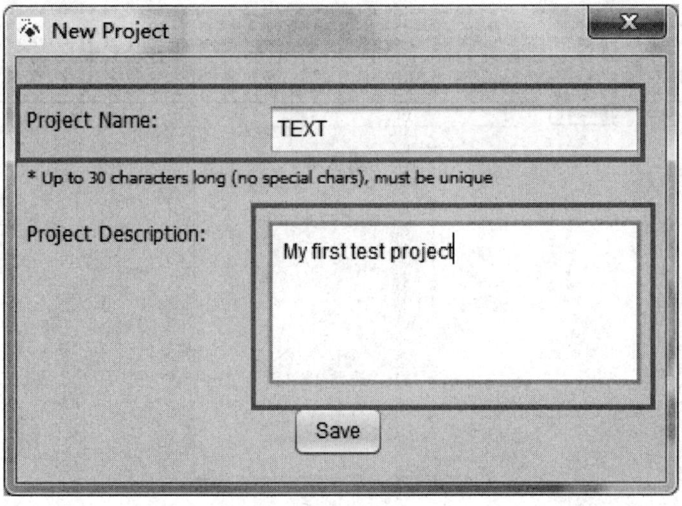

New Project
Project Name:
TEXT
* Up to 30 characters long (no special chars), must be unique
Project Description:
My first test project
Save

图 B-2

选择前两步所创建的工程TEXT，点击Open，如图B-3所示。

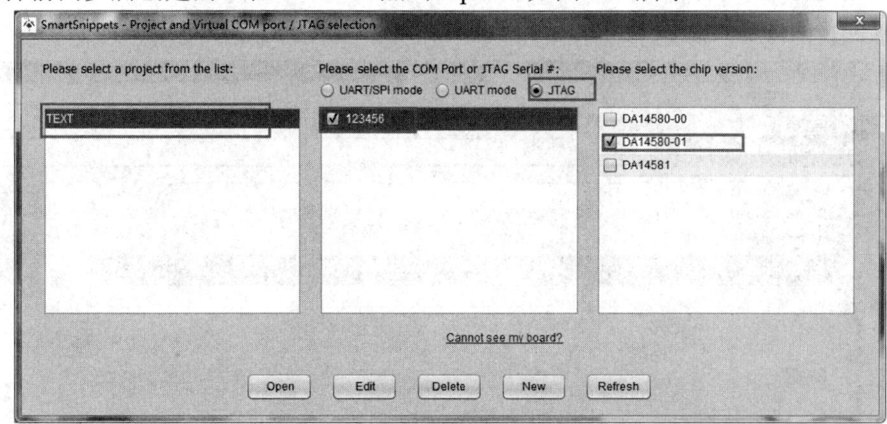

图B-3

如果没有接虚拟串口或者JTAG，中间框就会是空白的，如图B-4所示。建立好工程并点击Open，会弹出一个错误提示框，如图B-5所示。这时要关闭软件，把JLink正确连接，再打开软件，前面已经建立好的工程就不用重新建立了，重复上一步，选择好工程，点击Open进入软件首页。

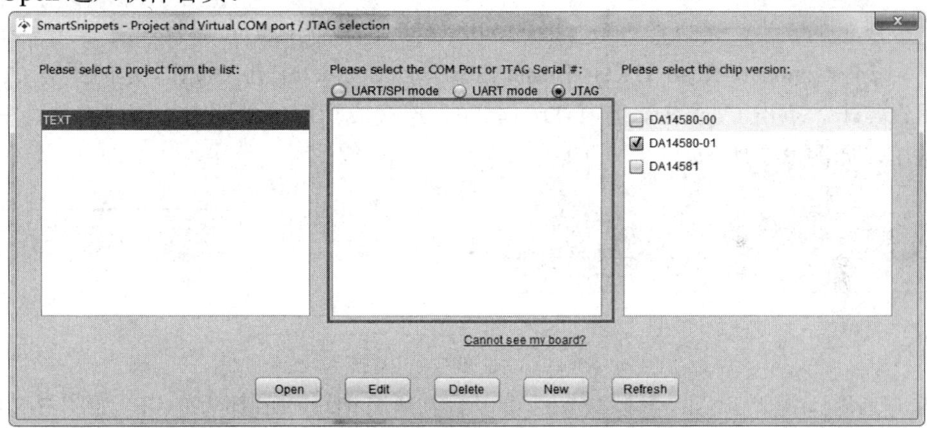

图B-4

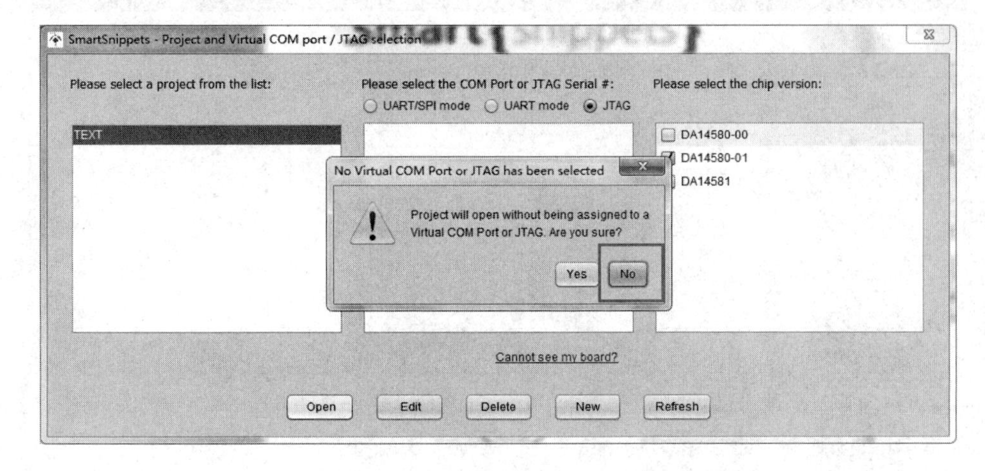

图B-5

这里是将代码下载到外部 Flash 存储芯片，点击 SmartSnippets 里的 Flash 图标，并最大化相应位置的面板，如图 B-6 所示。

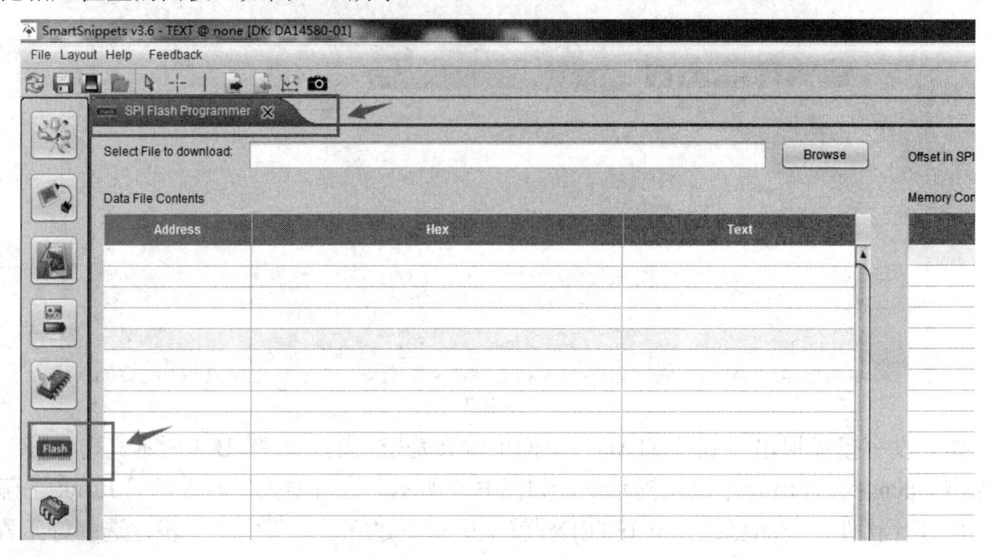

图 B-6

完成以上的 5 步，可以在 Select File to download 处点击 Browse 载入需要下载的 HEX 文件。下方有 Connect、Read 32KB、Burn、Erase、Erase Sector 五个按钮，这时只有 Connect 按键可以点击。点击 Connect，连接 DA14580，连接成功后另外四个按键状态就会变成可点击的了，如图 B-7 所示。

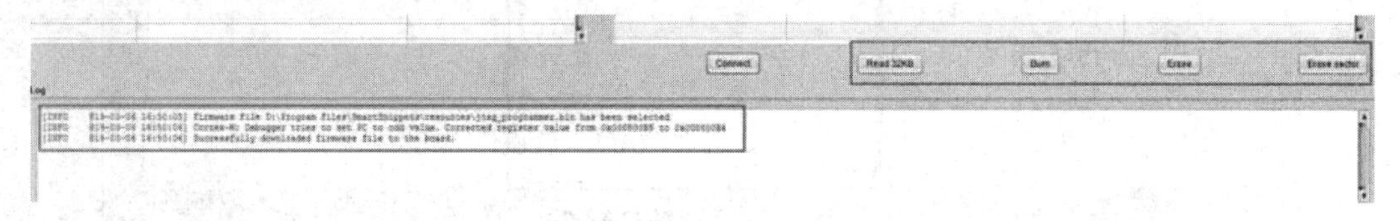

图 B-7

点击 Erase，擦除 Flash，擦除成功后可以看到所有地址的值都为 0xFF，如图 B-8 所示。

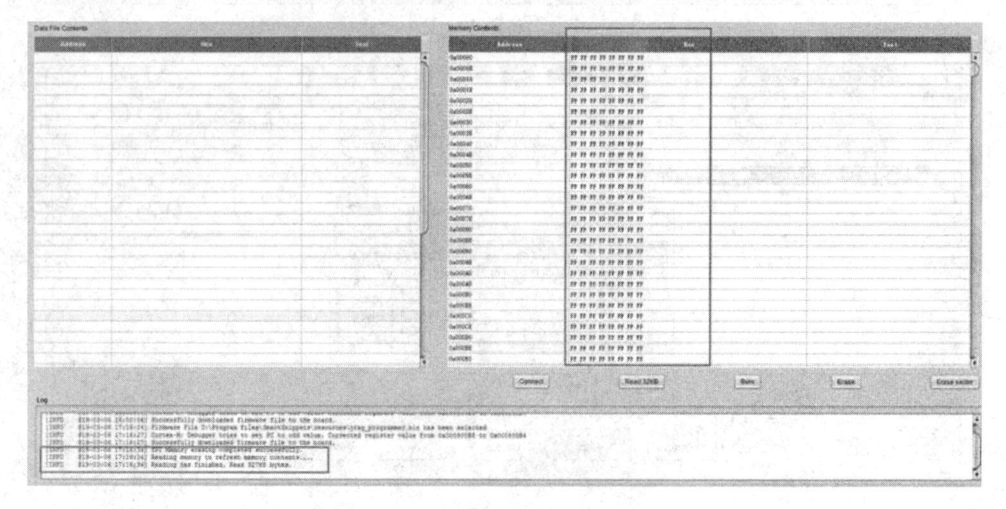

图 B-8

点击 Browse，找到工程的 .hex 文件，选择完.hex 文件后，就会看到左边框里是代码数据，如图 B-9 所示。

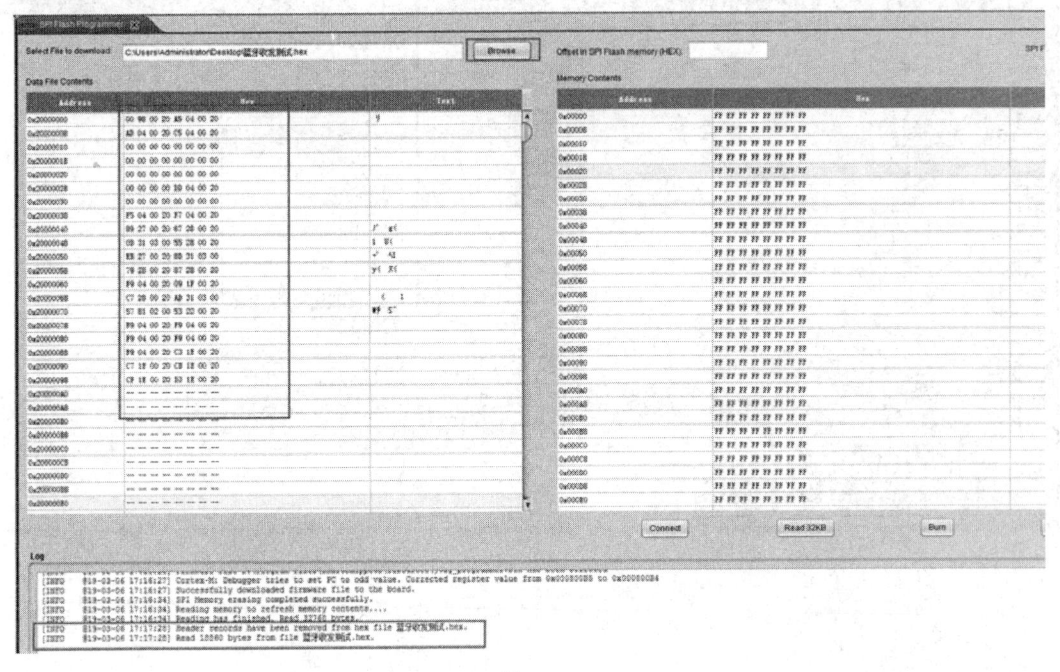

图 B-9

点击 Burn，在弹出的对话框中点击 Yes，如图 B-10 所示，完成代码下载，右边框里的 0xFF 就会变成相应的数据。右边框里的 0x00008 地址以下的数据和左边框里的 0x00000 地址以下的数据是一样的，如图 B-11 所示，这时代码就下载成功了。代码下载成功后，需要给芯片断电然后重新上电，这样芯片才会运行所下载的代码。

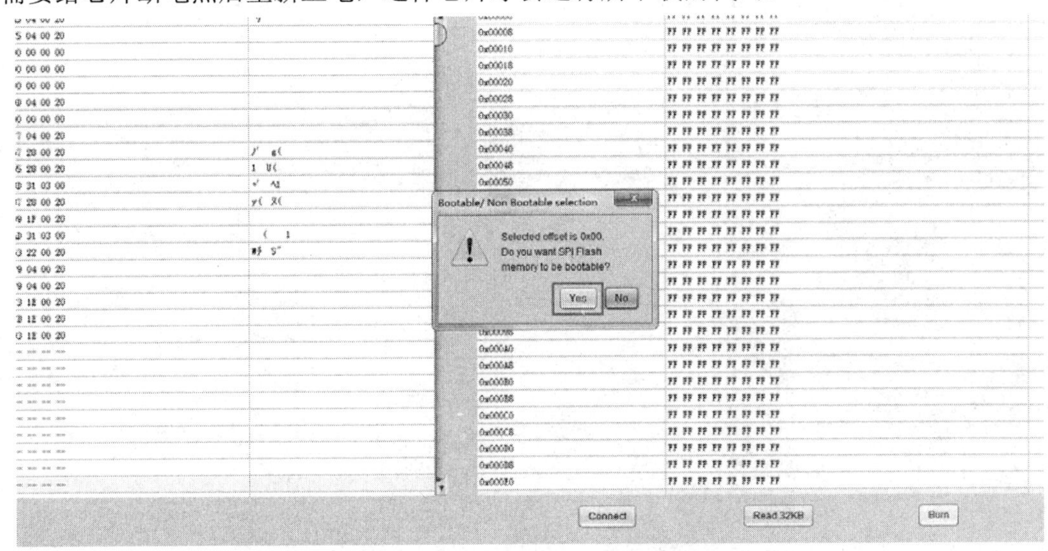

图 B-10

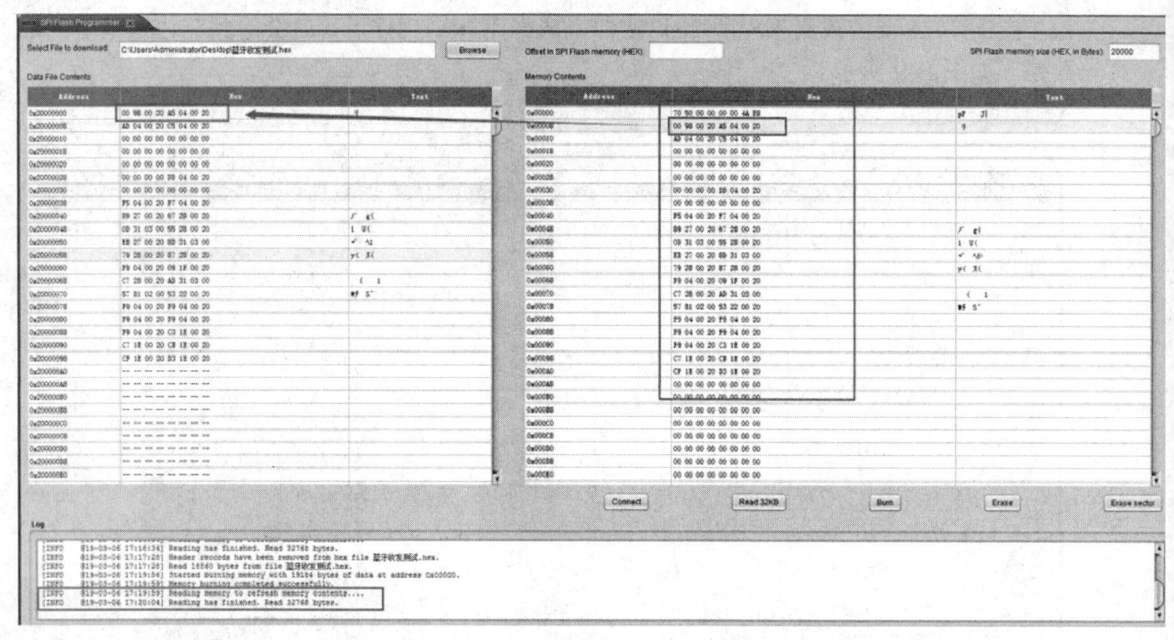
SPI Flash Programmer
Select File to download
Browse
Offset in SPI Flash memory (HEX):
SPI Flash memory size (HEX, in Bytes):
20000
Data File Contents
Memory Contents
Address
Hex
Text
Connect
Read 32KB
Burn
Erase
Erase sector
Log

图 B-11

参 考 文 献

[1] 曾文兵. 基于 STM32F407 的视频采集与传输系统设计. 武汉：华中师范大学，2016.
[2] [美]凯尼格，等. C 陷阱与缺陷. 高巍，等译. 北京：人民邮电出版社，2008.
[3] [美]Peter van der Linden. C 专家编程(英文版). 北京：人民邮电出版社，2013.
[4] [美]克尼汉，等. C 程序设计语言. 徐宝文，等译. 北京：机械工业出版社，2004.
[5] 沈红卫. STM32 单片机应用与全案例实践. 北京：电子工业出版社，2017.
[6] 霍涛，贾振堂. 基于 STM32 和 SIM900A 的无线通信模块设计与实现. 电子设计工程，2014，22(17)：106-110，114.
[7] Gao Mingyu，Liu Yunfei，Huang Jiye，et al. Design of the automatic jacquard control system based on STM32F407. Information Science, Electronics and Electrical Engineering (ISEEE), 2014 International Conference on,2014.
[8] 王建，梁振涛，郑文斌，等. STM32 和 OV2640 的嵌入式图像采集系统设计. 单片机与嵌入式系统应用，2014，14(09)：46-48.
[9] 杨光祥，梁华，朱军. STM32 单片机原理与工程实践. 武汉：武汉理工大学出版社，2013.